U0016236

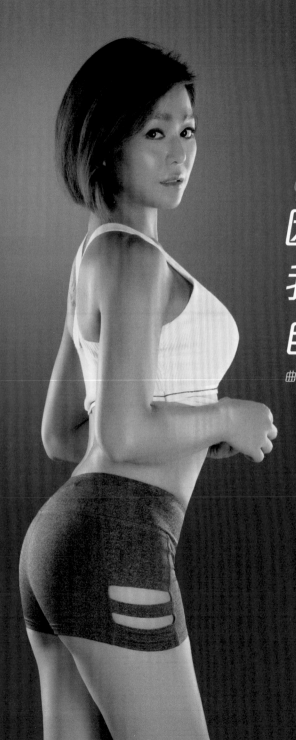

Gina

因為健身，
我正喜歡上
自己

Gina ——著

曲線女神 Gina 的體脂 15% 塑身祕訣

contents
目錄

第三章 運動篇：這樣做，穿回 S！

第一組　熱身

第二組　循環系列

第三組　循環系列

我 能 ， 你 也 辦 得 到 ！

　　從小我一直認為，只要安分守己的過日子，我的人生就會一路順遂。但現實世界是，就算你拚了命為生活努力，一切還是跟想像的不一樣……

　　2013 年，上帝為我關閉一扇門，讓我同時面對健康失調和公司結束的打擊，那時我陷入低潮，認定自己就是一個失敗者……沒想到，上帝也同時為我新開了一扇窗，讓我開始注重飲食，漸漸愛上運動，更藉由在網路上分享，激勵了無數跟我有相同煩惱的人，結交了許多粉絲好友。

　　2015 年，上帝又開了一扇窗，從投入餐飲業那天起，我的人生徹底翻轉，但我還是沒有一路順遂，也發生許多令人感到挫敗的事。因為要求健康、安全，任何細節都非常小心，甚至為了兼顧成本、美味和控制熱量，也跟廚師鬧得不愉快……還好在熱心網友的信任和協助下都一一克服。

　　運動與改變生活方式讓我的身體上得到了滿足，但是創立 NISORO 後，看到很多人因為 NISORO 而身體變健康或達成自己的目標，讓我得到心靈上的滿足與踏實感。

　　因為堅持無添加，追求原型食物的美味饗宴，也得到國際無添加最佳美食獎。從追求健康與減肥的熱量調控餐，到全家大小都喜愛的冷凍即食品，享用瘦身也可以吃的零食，以及邁向國際可常溫保存的熱量調控包，一步一步都想讓全世界看到台灣有如此棒的健康餐飲。

　　我的故事並不是最慘、最勵志的，但連我這個再平凡不過的魯蛇，都能從谷底爬起，為什麼你不能呢？請別再讓自己沉睡了！

Gina

看見，令人佩服的行動力 & 執行力！

真正貼近 Gina，是在 2016 年 12 月「進擊的台灣」的採訪，我對她的第一印象是「大女人、率真、急性子、相當有主見」，聊沒幾句又發現，她堅毅的外表下有著小女生的天真爛漫，還帶一點小女人的任性撒嬌，在這個充滿各種框架的社會現實裡，還能保有原始單純的自我，讓同樣身為水瓶兒、卻已經相當社會化的我著實羨慕！

拿到這本書的書稿時，正逢手邊專題交稿最後幾天的恐怖後製期，一邊在心裡恭喜 Gina 出書，得以造福更廣大有同樣需求、想要好好愛自己的人，一邊趕緊跟出版社主編延後交件日，因為我實在太想好好跟大家推薦 Gina 這個熱血女生了！這本書，傳達的不僅僅是健康概念，更是一個普通平凡人蛻變的故事，這個平凡人就在你我身邊、就好像我自己一樣會偷懶、會想要便宜行事，說是「心路歷程」更為貼切！美得這麼健康、體脂率只有 15%！怎麼辦到的？怎麼可能辦得到？從小只愛吃零食、「超級排斥」運動的平凡人 Gina 做到了！因為她的行動力和堅毅的執行力，讓她變得不平凡，更活出精彩人生！

或許你會說：「因為她是 Gina 啊！」不不，Gina 就是個平凡人，想辦法讓自己活得更愛自己、更像自己！她遭遇問題、解決問題的心路歷程，應該有你要的答案！而且會讓人情不自禁想試試看、跨出那一步！我嚼著 NISORO 的熱量調控餐，準備要再讀她的故事、好好愛自己了，你呢？一起加入吧！

東森財經新聞台主播　許晶晶

「翹臀 G」為健身界帶來一股炫臀風潮

2014 年，我認識了 Gina。當時 Gina 陪她的閨密 Annie 來南港運動中心找教練，因緣際會下我接了她們的 Case，老實說，剛開始要 push 這兩位從不運動的女神重訓，我確實花了好一番功夫，從組數討價還價，到嫌重量太重之類的 blablabla（Hello，一兩公斤還嫌重，是有事嗎⋯⋯）

有一天突然發現，咦～覺得 G 女神臀部線條好像有那麼點厲害喔!!（這人稱讚不得，一稱讚整個人會開心到翻過去。）

從那天起，G 女神就開始瘋狂練臀，也 po 激勵照上粉絲專頁，沒想到吸引 30 幾萬粉絲追隨關注，「翹臀 G」的封號就此誕生，也為健身界帶來一股炫臀風潮，說她是開啟女性接受重訓的始祖，真的一點都不為過。

除了運動，女神 G 也喜歡料理，常在粉絲專上分享健康飲食觀念及自己做的健康餐（當然我這個做教練的，也有吃好料的福利啦）。漸漸的，很多粉絲也在粉專上說想吃 G 女神的手作便當，是否有意願開健康調控便當店的想法，也促成 NISORO 的誕生。

今天 G 女神仍舊堅持健康原則帶給 30 萬粉絲及 NISORO 的支持者，用最嚴格的標準把關食材來源提供最高品質的水準來服務大家。

今年，我也辭退教練一職，加入 NISORO 大家庭，希望也能為重視健康的朋友盡一點心力，也希望我們 NISORO 會愈來愈好，加油 !!!!!

名模御用教練　楊孟儒

最值得擁有好身材的人

第一次見到 Gina，是在一個運動場合。以前隔著網路的距離，看她時常分享運動以及令人嫉妒又羨慕的翹臀，心裡總想：「我也是一個運動部落客，不要騙了啦！一定不是真的每天都在運動。」

直到認識了 Gina，我發現她的生活是真的離不開運動，她督促自己的決心，讓我發自內心佩服。像是我們一起出國好幾次，每次旅遊，面對各國的山珍海味，說她完全不吃就太假了，但她的確非常克制。

甚至在旅遊期間，她還能在早上六、七點就晨跑，只為了多消耗一點旅遊期間吃進肚子裡的大餐！光是這一點，就足以把身為旅伴的我給氣死了，因為我自己是絕對起不來的，明明大餐是一起吃，可是她晨跑絕對不會叫你起床！

Gina 對身材的要求，也不僅表現在運動和飲食上，還包括了最困難的作息！每次出國，她晚上九點就要就寢，這一點也使我非常火大，因為她就寢的時間永遠是我們準備出門覓食宵夜的時間！

但，雖然她那麼不合群，仍是我心中旅伴人選的第一名！因為她真的是一個非常棒的好朋友！

認識 Gina 以後，我也終於明白她為什麼創立 NISORO。

她是一個吃到好吃的、用到好用的，都會無私分享給朋友的人。像是住在新竹的我，不能時常與住在台北的她見面，但是我時常收到她寄來的

健康果乾、鳳梨酵素等好東西，當她擁有做好的東西，她永遠會第一個想到好朋友。就如同她看見了很多人需要 NISORO，所以她吃力不討好的創立了這個為人們帶來健康的品牌。

身為一個也曾經減下三十公斤（婚後又發胖）的人，胖跟瘦我都經歷過了，我必須說，要擁有好的身材絕對不是單一控制飲食或運動就能達到的，Gina 全方位控管，她是我見過最值得擁有好身材的人！

愛康生物科技有限公司執行長　美樂蒂 *Melody*

因為 Gina 的正能量，
我也變得更有自信、更快樂

一個能夠在健身運動持之以恆的女人，通常都有一顆堅毅無比的心。

這是我認識的 Gina，一個外表美麗、開朗、善解人意，內心卻嚴以律己的女人。

在我看來，她做了很多了不起的事情，例如創立了 NISORO，那麼獨一無二、領先業界的新餐點形式，嘉惠了好多想瘦身要健康的女性（也包含我），她卻總是謙虛地說：「還要再努力，我只知道要把設備弄到最乾淨，餐點一定要好吃，其他專業的就該放心交給專業的人。」

接著一堆爭先仿冒她點子的人出現，問她不會生氣嗎？Gina 也總是雲淡風輕地說：「我們只能做得更好，更了解我們客人的需求，開創更多點子。」

我想，因為她真的很愛自己，所以能量滿滿，充滿信心，這種正氣，讓再多挫折想擊倒她，都不容易。

在我還是個產後憂鬱的媽媽時，看到了 Gina 的粉專，那時候我不認識她，卻已經愛上了她，每天滑她的專頁，看她的生活，但我不愛自己，總是討厭著自己的一切，卻羨慕著 Gina。

然後，因為看著她運動，我知道要走出產後憂鬱，我也得重拾運動，加上筋肉爸爸的鼓勵，我也才終於開始運動起來。

我一直都記得，我們第一次認識的匆忙，只是一個運動會的場合，沒有多說太多的話；但是後來，我們一起吃了第一次的火鍋，不知道為什麼，兩個那麼陌生的人，卻突然開始一起抱怨起某個共通的困擾，然後我們大笑，覺得彼此太真，從此，我們的生活中有了彼此。

　　Gina 教了我很多事！不論在事業上或是感情上，因為她的正能量，我也變成一個更有自信、更快樂的女人，她教會我，愛上自己，才是踏上幸福人生的第一步。

　　我正在喜歡上自己，而且愈來愈愛，那你們呢？

Fit Asia Taiwan 體適能授課講師　筋肉媽媽

運動就是挑戰自我，堅持不懈！

認識 Gina 的契機，是因為她生過重病，藉由運動重獲新生，嘗試過許多運動後，來找我們學泰拳。在我們的專業評估之後，發現她最亟需解決的問題就是提升身體的協調性。這和 Gina 來運動時的最想改善的項目不謀而合，因為只要提升協調性，接觸任何運動，都會達成事半功倍的效果。

我們花了很長的時間來調整和訓練她手腳和身體的整合。學泰拳需要踢和打，雙手和雙腳要能分開進擊卻也要互相配合，如果身體上動力鍊的連接點沒有協調好，動作的流暢感就會顯得不足。比如現在的動作要求是出拳又出腳，但是拳一出，腳卻要隔好幾秒才能跟上，這樣就會讓動作不連貫。Gina 花了很多的時間配合我們為她設計的課程，經過在我們看來「零鬆懈」的努力後，不但動作變得流暢，反應速度也比以前快很多。她身體的活動性、力量強度、反應力、身體節奏和協調性等，都比以往進步。

泰拳在身體線條修飾上，是很有效率的運動，手腳動作在傳送之間，要透過核心肌群去平衡。踢的動作會運用到身體的下腹、臀部、臀大肌、股四頭肌、小腿，打的動作則用到：手臂、肩胛和背。左右轉動的時候，核心也有作用到，這些肌肉高強度做功，比起其他的運動，在效率上會讓整體線條修飾得快一點。泰拳是一種高強度間歇運動，燃燒脂肪不用花很長的時間，燃燒的脂肪多、效率高，以上這些都是幫 Gina 修正到的部分。

Gina 在運動的時候非常專注認真，態度很積極，她的動機非常明確，

就是要學好這項運動，她專注目標，勇往直前的態度，是大多數學員很難持續做到的。和 Gina 一起運動的過程中，我最佩服的就是她有這樣的精神，每週一到兩次花快一小時大老遠的跑來運動，連續一年沒有間斷。運動要向自己心理層面挑戰的，就是堅持兩個字。恭喜 Gina 出書，希望透過這本書可以讓更多人來到運動的路上，讓自己更健康、更好看、更有自信、更愛自己！

職業拳擊協會副理事長　葉俊昌

〈推薦序〉

love
yourself

第一章
我正在喜歡上自己

gina
×
talking

這次我真的生病了

　　當我開始真正愛自己，便開始遠離一切不健康的東西，不論是飲食和人物，還是事情和環境，我避開一切讓我失去本真的東西。從前我把這叫做「追求健康的自私自利」，但今天我明白了，這是「自愛」。

　　很喜歡喜劇大師卓別林說的這句話，諷刺的是，真正深刻了解它的涵義，卻是在我生病以後。

　　「大姊頭，你生病了哦？」二〇一三年，員工看到我的第一句話經常是這樣。（員工暱稱我為大姊頭，因為我喜歡掌控一切。）我好奇地反問：「為什麼這麼說？」他們回答：「你的氣色是黑的啊。」

　　除了每天相處的員工之外，朋友也開始發現我有點不對勁，那陣子見到我的人，第一句話都是懷疑地問道：「你是不是生病了？」其實，早在前

我始終認為就算不夠漂亮，只要好好保養，也差不到哪去!!直到……我變成了一個嬸婆樣，當時我才34歲。

我對自己的要求是：身在哪一個產業，就必須盡力做到標準以上。照片是32歲的我，當時我是做少女裝，常常要親自試裝，所以必須不斷克制自己的食欲，日復一日……

一年的九月，我就已經感覺到自己的身體正在改變。

當時我呢，是一家服飾網拍公司的老闆，由於對自我要求很高，工作壓力大到沒有一天睡得好，經常在半夜驚醒，而且幾乎是醒來後就再也睡不著了。

那一陣子，我依然在凌晨醒過來，卻發現衣服全都濕了，盜汗得很嚴重。心臟跳動得很快，而且心悸頻率愈來愈高。臉上莫名長了很多痘痘，連背部也有，但我是連青春期都不會冒痘的人。我國小時臉上就有淡淡的斑點，在此時臉上的斑變得很黑、很黑。這也就算了！更慘的是不論怎麼減肥，不但瘦不下來，還一直發胖。原本我的胃脹氣就很嚴重，這時候連大腸也開始脹氣了。

活到三十多歲，從來沒看過這樣的自己。我是個很愛美的人，那時我真的沒辦法接受自己的臉上出現任何老態，每天很努力上妝，試圖讓臉色看起來好一些，然而當時的狀況卻嚴重到連化妝也掩飾不了糟糕的氣色和大小不一的痘痘。最慘的是，身體不斷發胖，和朋友合照，我看起來簡直就像是個來娛樂她們的大嬸。

不要輕易嫌棄自己，但也不要對自己太好！當你發覺自己的外貌體態不如以前時，就要有所覺悟，而不是一味欺騙自己。例如：跟閨蜜合照，你看起來像嬸婆而不是大姊……然而這一切，都只是身體警訊的開始。

　　儘管如此，我還是堅持不去看醫生，依然好強地覺得：「可能是這陣子太累了。」人一累，肩膀就會緊、骨頭變硬，平常我都是用按摩來保養身體，也勤找按摩師按摩，本來以為這樣能得救，卻仍然沒辦法讓身體回歸正常。只是在按摩的當下很舒服，按完不適的感覺立刻又回來。漸漸的，我發現身體狀況嚴重到有點無法掌控，開始暗自苦惱該怎麼辦。

　　在家人的厲聲要求下，我終於去看了醫生，照了超音波後發現，脖子上已經長滿甲狀腺細胞，醫生說這是「橋本氏甲狀腺炎」，幸運的是，我還不需要終生吃藥控制，不過一旦指數變得不正常，我就必須終生吃藥。醫生也要求我定期回醫院抽血檢查，追蹤病情。

我們都有過怎麼吃、怎麼熬夜都不怕的年代，生病、健康出問題……似乎都離我們很遠。那時我只有一個信仰：年輕就是本錢‼我今天的心情，決定我今天的生活。

　　我是個超級討厭吃藥的人，平時感冒也不吃藥，要我一輩子吃藥，無疑是晴天霹靂。我問醫生：

相信許多創業人都跟我一樣，無時無刻看著手機和報表，想著下一步的行銷規畫、公司營運、人員管理……如此呵護親手創立的公司，不是沒有原因，因為當你開公司請員工的這一刻開始，就要對社會負責任。

「該怎麼做才能讓它不發作？」他詢問後了解到我的工作壓力太大，那幾年更是嚴重到沒辦法克制，睡覺時還會不自主的握緊拳頭。長期睡眠品質不佳，加上生病，脾氣經常很大，到了隨時都能發火、翻桌的程度。

對男人而言，所有動物胖胖的都很可愛，唯獨女人例外。從年輕認識老公起，我就一直努力維持著像照片中 26 歲的身材……這麼努力，就是怕會被嫌棄。

他建議：「最好的治療方式，就是你不要工作。」同時，也開了躁鬱症和放鬆心情的藥給我。

老公在一旁心疼地勸說：「你要不要結束公司？免得以後把辛苦賺的錢都拿去看病，我也不用每天承受你的怒氣。」我的工作一直都很忙碌，也幾乎沒有休閒娛樂，沒有時間花錢，多年來存了些積蓄，足以支應生活。然而，儘管當時家人苦口婆心的苦勸，我還是沒有理會，畢竟自己一手創立的公司是我人生的成就，要放棄談何容易？這讓我的心情相當糾結。

生病後，我開始思考過往的言行舉止。我很年輕就創業，二十五歲就從小小的網拍賣家開始，到成立官網，公司規模從一個人發展到有十幾位員

當時我雖然是個非常雞歪的老闆，但該給員工的福利還是有的，只要公司賺錢，除了定期的聚餐外，還會有員工旅遊。

工和國內外四家製衣廠。工作時，我總是很強勢，覺得自己很行、很會、很懂，員工不過是我請來做事的人而已，不如我了解自己的客人。因此，我什麼事情都自己來、自己做，把自己搞得很累、很焦慮、很暴躁，對任何事情都沒耐性，也漠不關心。生病後我才懂得反省，並體悟自己就是敗在不懂得放下權力、信任員工，對此我有很深的感觸。

回首創業的路上，我的毛孩始終在身後默默陪伴，牠奉獻了一生給我。

一開始得知自己生病時，我憤恨不平，這十多年來如此盡心盡力的工作，生活單純，上班、下班、出國採購，忙到沒有週末、沒有時間血拚，生活中幾乎沒有玩樂。為了給客人更好品質的服裝，我選擇更好的布料，在服裝上的要求相當嚴格，針線一寸要有幾針，要求工廠做得和國外的品質一樣，甚至更好。我賺的每一分錢都是靠自己努力，也不曾做過虧心事，所以我不明白上天為什麼要用這種方式對待我……這一切到底是怎麼了？

有長達半年的時間，我就這樣在心底反覆思索，才終於醒悟，這一切

　　　　　　　　第一章 我正在喜歡上自己

都是自己造成的，我曾經擁有成功的事業，培養了一群死忠的粉絲，但這成功卻是用健康換來的。於是，我開始學會聆聽自己的身體。多年來帶給它沉重的壓力，我想好好的愛自己，做自己喜歡和熱愛的事。

最後，我下了一個無比心痛的決定：結束公司。心中自然是感到相當難過，再怎麼說它都是我從零開始打拚的公司，雖然它不大，我也付出十多年，很努力、很用心的去經營它、呵護它。那種心疼和不捨，很難用言語表達。直到現在，我還是經常想起那一段忙碌工作的日子，因為那曾經是我的一切。

做了決定後，我想要改變自己，讓原本強勢不安的 Gina 從生命裡消失。更明白了一件事：人生要嘛就是改變自己，要嘛就是接受自己，不就是這兩條路換來換去嗎？我不再自暴自棄、埋怨自己，開始學習過健康的生活，並且走在喜歡自己的路上。

以前我以為這樣的身材是天生，經過了生病、運動和飲食的洗禮之後，才知道這是可鍛鍊的。

拚命三娘做出品牌，卻也傷了身體

　　為什麼我會成為服飾公司老闆？這要從自己愛美這件事說起。有記憶以來，我就是個自我意識強烈的人，喜歡漂亮的東西，也喜歡穿新衣服。小時候媽媽都會讓我穿姊姊的舊衣服，但是我堅持不肯，只穿新的衣服。為了買自己喜歡的新衣，我國小六年級就在菜市場擺攤賺零用錢。

　　二十五歲那年，一位從事網拍的朋友找我陪她去五分埔進貨。她問我：「你要不要自己也批來賣看看？」我心想，反正自己也很喜歡買衣服，為何不試看看，便回答她：「好啊！」就這樣開始了我的網拍事業。剛開始只覺得是在做自己喜歡的事，沒把它想成是創業。挑衣服，我有自己的品味，我喜歡的衣服風格和別人不同，走的是個性品味。而且我很在乎質感，所以走的方向跟其他賣家不太一樣。

　　也因此認識了在五分埔開店的老公，他教我出國帶貨，帶著我到韓國、日本買貨，介紹大陸廠商給我認識。由於我的眼光還算行，服飾賣得很好，進貨量愈來愈大，甚至超越他店裡的下單數量，於是開始決定自己訂貨。**當我每前進一步，就是壓力的開始。**自己下單，就要承受「量」的壓力。而我個性好強，不太願意接受衣服有過多庫存，便加入了行銷企畫，在人後我要非常努力，才能在人前表現得毫不費力！

與老公熱戀的一年多期間吃了熱炒、薑母鴨、麻辣火鍋等消夜……晚上精彩、白天餓肚子的日子經常上演。如果可以，我也想要有仙女體質，怎麼吃都不會胖。

隨著業績成長，採購範圍也愈來愈廣，每年七、八月美國會舉辦一場服裝秀，那時會去找品牌、洽談代理。也常到其他國家進行採購之旅，我停留的時間有限，每每都強迫自己要在兩天內買完，留最後一、兩天時間去看看那座城市，買自己喜歡的東西，但是基本上這個時候也不會再買了，只想好好休息。

我對服飾的品質要求很高，也會向工廠訂作衣服。像我很喜歡外套，就會訂作很多款式，我認為外套要讓女孩子穿得保暖，就算外面氣溫只有十幾度，裡面只要穿兩件，就不會覺得冷，也很有型。不論是什麼體型的女生，我相信沒有人喜歡讓自己看起來很肥的服飾。

我每兩個星期必須飛到大陸一趟，除了到工廠，也要去批發市場考察，看看市場上的流行趨勢，以及是否出現和我們一樣款式的服飾？用什麼材料？賣多少？由於批發商場只在早上開，我一定會在早上六點抵達，這意味著五點就要起床，為了

很多人變胖後，衣服會越穿越鬆，連我也是!!但你要了解一個事實：寬鬆的衣服並不是做給胖子穿!（照片為同一件衣服。）

為了工作方便，也在大陸設了一個辦公室，待在台灣家裡的時間越來越少了。我心中只有一個想法：年輕時努力一點，年紀大時就可以輕鬆，於是忙到沒有喘息的時間。再怎麼年輕的身體，也經不起我這樣操。

節省時間，我會要求同行的老公或員工在這段時間內不能去上廁所。因為很多人排隊，上一次廁所就要花半小時，所以我最討厭老公同行，他最愛跑廁所，我常常會受不了罵他：「你來這裡光是上廁所就好了。」

我要如何做到不上廁所？方法很簡單，就是不喝水。我知道這樣很不好、很傷身體，這可能也是導致後來生病的原因之一。

中午逛完商場後，有些人會先回飯店休息，但我是不休息的，會馬上到專門賣布的商場買布。

工作時我很拚，凡事要求完美，創業後還有一個心願：買一間房子給媽媽。父母離婚，我和媽媽住，希望她不要被親戚看不起，至少還有個貼心的女兒能夠照顧她。二十九歲那年結婚，婚前老公問我有什麼心願，我說：「想買間房子給媽媽。」那幾年拚了命工作，就是為了實現這個願望，我也做到了。

每個人心中都有一個最在乎的人！為了這個人，我們願意去努力，只為了讓她更快樂。我媽是全世界最偉大的女人，從小到大不曾放棄過我，總是溫柔地鼓勵我，在我哭泣難過時永遠是我身後的精神支柱。

習慣掌控一切！我就是這樣讓自己生病的

　　隨著公司規模擴大，也請了些員工，但我是個凡事親力親為的老闆，什麼事情都是自己做。有員工後，無形中人事、資金等壓力一直籠罩著我，讓我出現控制狂的行為，例如有時候我會問員工：「你在做什麼？」她回答後，我會追問：「你要寫多久？」「寫完後，你要做什麼？」

　　因為我必須經常出國採購，為了不讓員工以為老闆不在就可以偷懶，我會找方法讓他們知道我的小眼睛正在看著，別想耍花招，像是在上班時打電話到公司問：「為什麼那件衣服沒有賣出去？」用這些方式讓他們知道，我掌控了一切。

　　在國外進貨時，我會用手機拍下每一件衣服，貼在公司的群組裡，要求每個人明天都要告訴我，這些衣服及配件要如何搭配才好看，不准有

我常常在外拍工作時，打電話問辦公室的狀況；當我在辦公室，又會忍不住一直問外拍人員現在的進度。導致我什麼都做不好……

不論在哪裡，只要可以上網，我就一定會跟員工聯繫！也會請助理幫我注意有沒有忘記要執行的事。

人沒有提議。我的心態是，你連一件衣服都想不出來要怎麼配，請問你真的知道自己在什麼地方工作嗎？

　　一回國，我會把要販售的衣服帶到辦公室，員工將這些衣服搭配好後，還要告訴我：這次拍攝的場景是什麼？模特兒要站在哪個角度？擺什麼樣的姿勢？對於工作的一切，我都要掌控，並且不能失誤！因為一有任何失誤，就是三個地方同時在白白燒錢（員工薪水、網拍麻豆、攝影師，在當時我是沒領公司薪水的）。

　　我對待客人，是非常用心、貼心、講究細節的，我認為做出品質更好的衣服給客人，就是我的使命。尤其是我只賺取應得的利潤，如果這件衣服廠商說現在做可以便宜一點，我就會降價，不會想去多賺錢，我覺得這沒有意義，因此培養了一群死忠的客戶。

談代理進貨，讓量放大，再請廠商降價，談成之後，自己的官網再降價。我的售價並不固定，就是隨著匯率和廠商給的折扣再做更動，這是我的原則。

　　但在員工面前，我卻是個女王，公司成立官網後，我的控制狂行為變本

加厲。官網和購物中心最大的不同是：我能一目瞭然現在的經營狀況，因為我看得到後台，包括即時網路流量及成交金額，這讓我的心情無時無刻都是緊繃的。怎麼說？網站後台有一個流量數據（又稱為「數據轉換」），透過電腦可以隨時了解目前營運的狀況。公司官網流量大多保持幾百人同時在線上購物，當人數低於平均數後，我就會開始緊張，努力思考問題出在哪裡，要如何解決。這種焦慮的心情時時刻刻都存在，也讓我一直掛在網上緊盯著數據看。

　　我的行為誇張到，連半夜起床上廁所也會打開電腦盯著數據看，只要一發現營業額沒有達到我的要求，就不睡了。絞盡腦汁想著下一步要怎麼做，卻從來不會考慮到是什麼原因。而如果前一晚沒睡好，隔天又要拍照，緊繃的精神讓我更累，常常心力交瘁，覺得什麼都自己來好累好累，甚至希望這世界有另一個我。

　　但是，人很奇怪，在這個時候反而會出現一種心情：「我是如此盡心盡力的工作，為什麼都沒有人能了解我是這麼的認真。」那個時候連我最親密的老公也不了解，為什麼我要給自己這麼大的壓力，反而認為我太誇張了，甚至假日也無法放鬆。有時候他想要出門走走，我不想和他出去，就算出去，也只要去東區逛街，或是到熱鬧的咖啡店裡坐著，看女生的穿著打扮，看她們喜歡什麼樣的服飾。

「想要成為『無可替代的人』，就必須時時刻刻保持與眾不同。」──可可‧香奈兒

我唯一能在事業上更進步的方法，就是多充實自己的流行敏銳度，與喜歡的服飾品牌簽好代理，讓廠商每兩週寄新款給我挑選。國外的商品加上自己的訂製款，還有搭配的飾品，以及會建議在什麼場合穿什麼樣的衣服，客人也會感受到我們的用心。

I love
you

　可想而知，投入服飾業後的十多年，我過得有多麼不快樂，做任何事情都是為了工作，所以我「必須」去做很多事情，「必須」去逛街，「必須」去應酬，「必須」出國，不管自己喜不喜歡。我不斷地給自己壓力、強迫自己，心情跟著業績起伏，天天失眠，要喝紅酒才能讓自己好睡一點。原本我的酒量很差，後來一個晚上可以喝掉一瓶紅酒，才有辦法入睡，但是睡了三個小時又起床，繼續盯著業績。

　這是官網成立後我的人生，雖然也很不喜歡這樣的自己，卻無法控制如此瘋狂的行為。我喜歡剛開始做網拍時，只賣自己喜歡的衣服的生活，雖然很多事情都是自己做，卻沒有壓力，過得很快樂。

　當公司愈來愈大，肩上的擔子也愈重，沉重到連呼吸都有點困難，我常常有窒息的感覺。這樣不正常的生活，我過了七、八年。因為不懂得釋放權力，什麼事情都要去干涉，不懂得如何過規律的生活、從來不運動，我讓自己生病了。

　生病，讓我痛徹心扉地了解：身體健康真的很重要，人生不是只有賺錢而已，身體只有一個，要善待自己，運動就是對自己最好的方式之一。

上 在可以炫耀時炫耀，在要收斂時學著收斂。
記得每一次跌倒，都是為了更華麗的爬起。
——致青春 39 歲的我

下 滿臉病容的我，即使再怎麼修圖，也是無
法掩蓋憔悴的樣子。與其自艾自憐四處討
拍～還不如好好地愛自己 !!!!!!
左邊是 2014 年的我；右邊是經過一番努
力、堅持到底的我。

過去的我不運動，靠節食減重

每個人都年輕過，也都嘗試過錯誤的減肥方式，我也不例外。想起以前的減肥方式，只能說：很笨！

我很愛美，愛買衣服，當個服飾公司老闆，必須很努力的維持身材，而且最讓我難以忍受的是穿不下自己設計的衣服，當然更無法接受穿 M 以上的尺寸。

我很討厭聽到男人開玩笑取笑女孩子的身材，像是說「你看那個肥屁股」「我的天啊！那不是三層肉嗎？」「虎背熊腰來了」，我都會瞪那位笑別人的仁兄，心想：「你又好到哪去，你的肚子是怎麼回事？」

也許是這樣一直逼迫、壓抑自己，和大多數的女生一樣，我每天都在喊減肥……

自從懂事以來，我一直忽胖忽瘦。年輕的時候會告訴自己，只要體重維持在五十三公斤就可以了。我一百六十八公分，五十三公斤，體態還算標準。

我並不是易瘦體質，食物吃多了就會變胖，反正那時候才二十多歲，靠著節食，不吃早餐或晚餐，一天一餐，或是整天都不吃營養的東西，讓美容師做瘦身按摩，就能成功瘦回我想要的體重。

年輕時，我的中軀脂肪（腰腹部）是體型最大的障礙，每一次只要瘦回來，開始正常吃飯一陣子後，肚子、大腿、馬鞍肉、手臂、圓臉就馬上又回來說哈囉，而且比以前更肥更油，於是我又要重新減肥。

多年來我養成一個習慣，每天早晚都會量體重，只要體重超過五十三公斤，就會用很激烈的方式減肥。減肥方式很簡單，綜合了「喝咖啡減肥」和「饑餓減肥法」。在減肥時，早上起床只喝一杯拿

我真的是受夠了只要多吃一點就變胖的體質。

鐵，撐到中午，買一包我喜歡的零食吃，再撐到吃晚餐。我有乳糖不耐症，喝牛奶就會拉肚子，減肥期間就會買牛奶來喝，目的是為了拉肚子，讓自己瘦一些。現在回想起來，這些方法都很愚蠢。

我也吃過減肥藥，如泰國減肥藥，吃完後很不舒服，心臟跳得很快，口很渴，一直想喝水。還有說不出名字的減肥藥，吃完即拉。這些藥傷了我的身體，卻都沒有讓我真正瘦過。為了瘦下來，那時唯一沒試過的就是針灸埋線減肥、打溶脂針和抽脂，因為我很害怕打針。當然，為了減肥，我也習慣餓著肚子睡覺。

然而，只要讓我成功減回五十三公斤，就會開始正常吃喝，這樣反覆節食的輪迴，如同深陷無限地獄裡。

這樣的身材，我總共餓了一個月才獲得，每天吃得跟小鳥一樣，就為了跟室友去海島度假，留下美好回憶。那時的我，還是堅決不肯運動。

過去的我，很不注重健康，可能是因為年輕，從來沒想過自己會生病，當然更沒想過運動這件事。那時候的我根本不會把時間「浪費」在運動上，因為我很忙耶！有那麼多事情要做，要看數據轉換，要看時裝雜誌，要隨時 FOLLOW 明星穿什麼，思考國外的流行，更要思考過多久台灣女生才會喜歡。服裝有地域性差異，不能完全照抄照搬國外的流行，如高腰褲，國外曾經非常流行，然而台灣女生直到現在都不太能接受，除非她很瘦。我有那麼多事情要做，怎麼可能浪費一個小時的時間去運動?!

直到二〇一三年，我真的生病了，這一次不管怎麼減肥都瘦不下來，胖到人生最肥的五十八公斤，也許很多人覺得這樣沒有很胖，但是，我對自己的要求很高、不能忍受如此走鐘的自己，加上盜汗、肝斑、痘痘，都讓我感到非常不舒服。

很感謝媽媽和老公，媽媽為了激勵我去運動，故意說：「你現在屁股變超大，很不好看。」這是她第一次對我說這種話。老公也會說：「你看起來好老喔！你變得好胖，中年婦女就是像你這樣。」其實我知道醫生跟他們說，要我去運動，改善身體，並且放鬆心情。

我的脾氣一直都不是很好，生病已經很不舒服，還要被最親近的人嫌棄，整個火都來了。自己生悶氣到最後，就是想要證明自己，於是下定決心開始運動，初期只有跑步、滑步，有時去健身房，每週三次，只要

求自己跑到臉紅紅。我還花了十幾萬買了台跑步機和滑步機，現在放在倉庫裡。

一開始減肥，跑步是有效果的，加上老公晚餐會煮花椰菜給我吃，就瘦了下來，但是沒有達到我想要的成效⋯⋯我開始質疑運動是否真的有效。

運動是回春的天然秘方。不論你是男是女，我們都在努力變得更美且更好。

第一章 我正在喜歡上自己

健身雕塑曲線，改變飲食也吃出健康

　　結束開了十多年的公司，我的心情很難過，為了度過低潮，和老公出國旅行散心。結婚以來，我們只有兩次真正沒有因為工作出國，第一次是剛交往時去北海道旅行，第二次是去西班牙蜜月旅行，兩次都是跟團，所以玩得很開心。這一次我變成了家裡的所長，無所事事的我想帶老公到法國、瑞士，當起背包客自由行，這是我年輕時最希望做的事情。

　　過去出國都是為了採購，我經常為了買不到足夠的樣衣而發飆，現在終於可以拋掉這些不快樂的事情。到了法國，我們去羅浮宮、凡爾賽宮等景點，再搭子彈列車到瑞士，住在少女峰下、全球最美麗的村莊格林德瓦。自助旅行，事先要做好充足的功課，我將每天的行程安排妥當。這趟旅程，我們是旅人，到餐館和當地人吃一樣的食物，有時去超市買東西回民宿煮，同時也告訴自己，好好享受這段旅程。

　　旅行的心情很輕鬆愉快，回國後還是有必須要面對的現實生活。原本我是個很忙碌的人，突然之間只能待在家裡、面對一隻狗，雖然我很愛牠，但成天無事可做，心情也低落了起來。同時，我告訴自己不要再去看醫生了，拒絕接受任何健康報告來影響我的心情。

上 我真的受夠這一切又胖又醜的樣子！變得一點都不像我！我也不想再活在自己的謊言
　裡！想要健康的身體，就好好去做！

下 雖然是滿心期待的旅行，我卻甚少拍照，可能是打從心底排斥日漸發胖和變醜的我。

前面說過，我是個控制欲很強的人，當沒有員工能控制時，我就控制老公，像他出門時我就會問：「今天要幾點回來？」晚上六點一到，就會打電話問他：「你跟誰吃飯？」「你去哪裡吃飯？」「你吃什麼？」他很討厭我這樣，他說：「如果我正在和人吃飯，接到這種電話，會覺得很沒面子，難道我連吃個飯都要向老婆報備嗎？」我問他：「你不覺得我在家會很無聊嗎？」

為了消磨時間、找回健康，我開始運動。初期是跑步減肥，雖然瘦了一些，卻沒有達到想要的體態：我想要擁有維多利亞天使般的曲線！想改變，就要下定決心，我必須做的是：跟時間賽跑。

二〇一四年六月，我希望自己的屁股要翹、腰要細，身體要有線條，不想要瘦得像竹桿，於是開始請教練，要求他在最短時間之內，幫助我獲得翹臀、瘦腰等效果。教練告訴我，瘦身的同時也要養成正確的飲食習慣，他建議：「如果你要減肥，可以改變一下飲食。」

Okay，這完全難不倒我，我是餐飲科系畢業，於是就自己買菜、煮飯，愈煮愈有心得，後來甚至把重心都放在食物上。我了解到，減肥二〇～三〇％靠運動，其他靠嘴巴，所以吃很重要，我上網研究食物，只要對身體好的幾乎都會吃。那段時間，我的體重從人生最高點五十八公斤，減到最低五十一公斤，瘦下來後，臉也跟著變小，變得更美了。

然而，人畢竟是群體動物，會想要和人溝通，一個人在家煮東西很無聊，朋友也無法每天都抽空陪我聊天。所以，我在以前公司的粉絲團網頁上分享今天做了什麼運動、針對身體部分的雕塑有什麼心得、去菜市場買了什麼菜、做了哪些料理。

生病後，我的個性改變很多，拋掉過去總以自我為中心的想法，學習

去了解別人的內心世界，用同理心去思考，「是不是有人和我有著相同的病痛困擾，他該怎麼做？」沒想到造福很多女性，因為這樣，她們也跟著改變。有粉絲說她因為我變瘦了、有人說她變健康了，我才知道原來自己在做一件這麼有意義的事情。而且因為做這件事情，我就沒有時間去控制老公，他也覺得輕鬆很多。

為了追求想要的曲線，我增加了很多重訓課程，體重從最瘦的五十一公斤，來到人生中最美好的體態——五十七公斤，體脂從原本的二十六％降到十五％。透過重訓，我的肌肉長大了，體重自然就會增加，但是線條更美。現在的我，比過去的我看起來更苗條。這段過程也讓我明白一件事，**減肥不要在意體重，而要著重在雕塑體態**。運動時，我的

化妝固然漂亮，但我更喜歡運動後滿身大汗、臉上有著自然腮紅，全身散發健康的氣息，這是以前的我無法體會的感覺……

　　　　　　　　　　　　　　第一章　我正在喜歡上自己

心情變好，後來再也不會盜汗、長痘痘，黑斑也變淺了。二〇一七年二月，再回醫院抽血檢查，也照了脖子的超音波，原本的甲狀腺細胞都不見了。此時我懂了，**活得健康，身體就會改變，個性也會有很大的轉變**，這讓我懂得如何進一步、退一步，現在我不再控制任何人，除了我自己。

　　如果說我以前是個廢人，那麼現在的我就是個超級健康的人。我也明白了，所謂的愛自己，是真正的面對自己，沒有謊言，認知自己要的是什麼，而不是盲目的羨慕別人，也不應該想要用控制先生來滿足自己的生活。我更學會了把每一天都計畫好，而不是讓無數個明天的我去承擔今天的爛攤子，試著與自己獨處。

1 2

1 有時我會看國外食譜，參考健康的超級食物，放在料理裡，其實兼顧營養均衡的瘦身餐點並不難吃。

2 如果你不試，怎麼會知道你的潛能在哪裡！人生只有一次，向自己證明沒有什麼是做不到的。

　　收穫更多的是，透過運動和飲食控制，領悟到健康和減肥是一輩子的功課，它不可能速成。所以，我很不喜歡粉絲問我如何快速減肥。減肥瘦身沒有快速，一切都是付出多少、得到多少，想要幾天內就瘦下來，真的沒有這回事。想要瘦真的很簡單，首先必須好好控制嘴巴，這是一條很坎坷、崎嶇的路，必須經過重重關卡歷練，才有辦法達到天堂。🐾

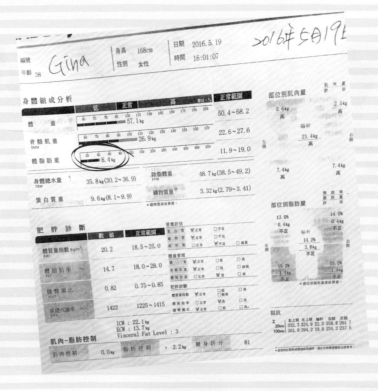

編號 **Gina**
年齡 38

身高 168cm
性別 女性

日期 2016.5.19
時間 16:01:07

2016年5月19日

身體組成分析

	低	正常	高	單位：kg	正常範圍
體　重		57.1kg			50.4～68.2
骨骼肌重 SMM		26.9kg			22.6～27.6
體脂肪重		8.4kg			11.9～19.0

身體總水量 TBW　35.8kg(30.2～36.9)
蛋白質重　9.6kg(8.1～9.9)

診斷體重 FFM　48.7kg(38.5～49.2)
礦物質重　3.32kg(2.79～3.41)

肥　胖　診　斷

	數值	正常範圍
體質量指數 BMI (kg/m²)	20.2	18.5～25.0
體脂肪率 PBF (%)	14.7	18.0～28.0
腰臀圍比 WHR	0.82	0.75～0.85
基礎代謝率 (kcal)	1422	1225～1415

ICW：22.1kg
ECW：13.7kg
Visceral Fat Level：3

營養評估

肌肉-脂肪控制

肌肉控制　0.0kg　脂肪控制　＋2.2kg　健身評分　81

部位別肌肉量

2.6kg 高　　2.5kg

軀幹　21.4kg 高

7.4kg 高　　7.4kg

部位別脂肪量

13.0%　14.0%
0.4kg 不足　0.4kg 不足

14.2%
3.8kg 不足

15.2%　15.2%
1.4kg 不足　1.4kg 不足

阻抗

Z	右上肢	左上肢	軀幹	右下肢	左下肢
20kHz	332.3	324.9	22.3	258.8	261.7
100kHz	301.0	294.2	19.0	234.3	237.5

1 2

1 想要肚子有線條，不是坐在沙發上用想的就會有。如果你跟我一樣是易胖體質，在必要減肥的情況下，有運動跟沒運動的差別只在於：有運動的人只比沒有運動的人多吃一點點而已……

2 運動是回春的天然秘方。不論你是男是女，我們都在努力變得更美且更好。

臉書分享做菜，創立 NISORO

　　人生中發生的每件事，都像是冥冥中注定，如果不是生病，我不會結束開了十多年、經營得很好的服飾網銷公司，我不會運動、不會做料理給自己吃、不會開設粉絲專頁、不會創立 NISORO。

　　為了身體，開始了運動和飲食的健康人生，一開始我也和多數人一樣，嘗試傳統的減肥方式，如水煮食物，不吃澱粉，晚上不進食，不吃油脂食物等，一個星期後就棄械投降了。

　　幸好我有一個非常好的教練，他教我如何減脂增肌，我就照著他說的去變化，如做泰式沙拉、花枝義大利麵、骰子牛。因為減肥而讓自己吃難以下嚥的餐點，剛開始也許可以，但是無法長久。

　　我也明白，在營養的健康概念上，我們要吃的是食物，而不是食品，並且均衡攝取需要的養分，就如同做重訓，不能只訓練一個小部位，而是整個部位都要訓練到，按照這樣的方式運動和吃，我的體態慢慢地有所改變，體脂肪也開

沒錯，「泥瘦了」誕生了！我也以為一切會一帆風順……但我只是一個再普通不過的人，人生哪有什麼一帆風順的。😍

1
2 3

1 豐富的色彩，影響你的視覺和食欲。如果今
天端出一片綠油油的菜，那麼跟著你一起吃
飯的人也會沒胃口，於是我把做衣服的概念
用在食材上，配上酸酸甜甜的滋味，肉用煎
的帶點香氣，連老公也讚不絕口。

2 也會做給毛孩吃，但要先做功課，研究自己
的毛孩能吃什麼，而且吃鮮食其實更健康。

3 我常常享受在廚房快樂做菜，邊做邊想像做
好後的樣子，並且愉快地享用它。天哪！我
真的太晚開竅，健康的食物原來是如此棒！

始下降，並且不停地變化烹調方式，煮到最後，變得非常有心得。

在粉絲頁分享了半年做菜心得，許多粉絲私訊問我：減肥該如何吃？
外食族該如何吃？運動後要怎麼吃？這些訊息多到回不完，甚至不少粉
絲希望能搭伙品嚐我製作的餐點，之後網友在臉書喊著好想買，大家也
跟著喊：「+1」「+1」……說真的，剛開始我是抱著否定的心態：「我
怎麼可能做餐給別人吃？」因為念的是餐飲科，我的考量很多，包括廚

房管理、食品安全衛生……若是要做餐給一百個人吃，要建立中央廚房，要考量溫度控制、落塵，還要區隔生食和熟食區……我向老公說起這件事，他卻用很正面、肯定的心態回答：「如果你覺得身體真的有改善，為什麼不讓更多人吃這樣的料理？」我的想法是，我不可能再去過以前的生活，我不想再當控制狂 Gina。更何況那時靠著運動、料理，好不容易從結束公司的失落感中找回自己，我只要發發文章、發洩心情就好。

從小到大，我從來沒有幻想過自己會做餐飲業，因為我喜歡的口味，也不代表大家都喜歡，粉絲在臉書上看到的，只是美食照片中呈現的樣子，我非常害怕做出來他們會不喜歡。因為這些原因，我躲在內心的小角落猶豫了非常久。

老公說的一番話，觸動了我的心，「你怎麼不想想，如果做這些事情，可以改變更多人！」所以，我決定試試看，一開始就選擇最困難的事情：做調控餐。調控餐的難度非常高，而且所有處理過程也絕不加任何藥劑！

我對品質很要求，堅持餐點必須是健康的、好吃的、令人安心的食材，所以，NISORO 的食材選用無毒雞、無毒無膨發海鮮、紐西蘭天然牛。為什麼要用無毒的？這樣吃起來身體才不會有潛藏的負擔。動物要照顧得好，牠才會健康，而不是怕動物生病，打了一堆針，間接也讓我們吃了一堆藥，所以動物的飼養方式和生活環境真的很重要。生菜有部分使用弱勢團體生產的水耕蔬菜，這是 NISORO 堅持幫助弱勢的原則之一。

調控餐所裝的 PE 真空袋、可耐熱一二〇度，已通過 SGS 檢測認證。油品是用橄欖油，義大利麵也是義大利進口的，調控餐的所有醬汁都是使用蔬果熬成，這樣就可以不用加糖，雖然成本比較高。

我做一次就是一整天要吃的分量，做給老公、媽媽、朋友吃都還行，但要販售給網友吃，我還真的不敢，畢竟家裡的廚房有生菌數、降溫的問題，還有數量多的烹調跟數量少的烹調方式。這跟賣衣服不同，牽扯到食物安全範圍以及營養醫學……這已經超出我的範圍，我生過病，我知道想變健康的欲望，我不想害人，也不想賺黑心錢。

但是購買者，也就是始終大力支持我的粉絲，吃進肚子會對身體好，而且愈吃愈健康，他們所吃的每一口，都是食物。我很在意要吃的是食物，而不是食品，身體健康真的比什麼都來得更重要。

做 NISORO 之初，我還蠻擔心的，這和做服飾業不同，是吃進人體的食物，所以我用更謹慎的心情面對，過程中非常感謝粉絲們的包容。尤其是第一批寄出的訂單，十箱就有九箱出問題，像是菜煮過頭，送到後變黃、變酸，加上宅配沒有做好溫度控制。初期幾乎每次出貨都出問題，每天都在和粉絲道歉，但是他們不要我賠償，只希望我好好做下去。

因為粉絲對我的信任，決定租下廠房，斥資千萬元做中央廚房，要求

1
2

1 菜的問題讓我每晚都睡不著，雖然網友都原諒我，但我無法原諒自己，那種自責是你辜負了別人對你的信任和期待。我甚至為了菜的問題停業一個星期，開會檢討測試。

2 誰都想不到！NISORO 的健康餐點獲得國際最佳美食獎！打破了健康無美味的謠言。

健康、低卡、無添加
選用天然、無毒食材
聘請專業營養師顧問
經政府認證合格廚房
真空包裝、冷藏配送
榮獲亞太無添加美食獎三星
Anti Additive

•Be in love with yourself

比一般的廚房更高，包括降溫的地方一定要夠冰；切菜區有特別的區域；送菜的人只能在走廊，不能進來工廠內，所以冰箱是對開的，光是這點就增加不少費用。在種種堅持下，我們的中央工廠一次就獲得政府認證。非常感謝粉絲們的支持，有你們的鼓勵，我會做得更好。

運動、飲食讓罹患肝癌的爸爸病情好轉

家人，是我們一生中最值得珍惜的人。爸爸生病後，我更有感觸。

二〇一六年底，很久不見的朋友遇見我，她說：「你整個人的氣色比去年好太多了，去年認識你時，我感覺你很憂鬱。」我心想，一直都有在運動，氣色怎麼會差？後來想起，她認識我的那個時候，是得知爸爸罹患肝癌之際，那段日子我的心情很低落，難怪她會說我憂鬱。

我的父母離異，我跟著媽媽，和爸爸在一起的時間並不多。當他告訴我得了肝癌，頓時我真的不知道該怎麼辦。從他生病之初，我就陪在他身邊，一起面對檢查、化療的過程。

爸爸第一次化療後，復元的狀況很不樂觀，醫生說：「要有心理準備，依照這情形來說只剩半年的壽命。」當下，我淚流不止，一句話都說不出來，只能看著醫生狂掉淚。當我哭完回病房後，爸爸問我醫生有沒有說檢驗報告結果，他可能看得出來我的表情不太對勁，於是問道：「我是不是活不過五年？不然為什麼醫生不跟我講！」

看著他失望的表情和聽到他講五年，我馬上背對著他默默哭泣，心想：「我要如何跟你說，不是五年，是只有半年！」我告訴他：「肝癌不會好，會跟著你一輩子，所以要與癌共同生活，千萬不要放棄自己！」

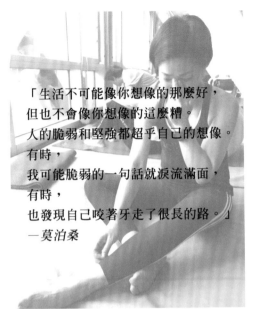

「生活不可能像你想像的那麼好，
但也不會像你想像的這麼糟。
人的脆弱和堅強都超乎自己的想像。
有時，
我可能脆弱的一句話就淚流滿面，
有時，
也發現自己咬著牙走了很長的路。」
——莫泊桑

我父母離異，所以和爸爸聊天的時間並不多，我沒有讓他知道 NISORO 的事，當時我認為這沒有什麼好說的……當他跟我提起 NISORO 時，是看到報紙報導，他說：「有你這女兒，我覺得好驕傲！」我聽了淚流滿面……

其實生病的人，都會感覺到自己的狀況，後來他開始交代後事，也變得非常灰心。我放下手邊正在學習的一切事物，也放棄了規律的運動，不管飲食控制，每天到醫院陪他，買他喜歡吃的食物，在他面前大笑，分享我的運動生活。當然，也要面對爸爸突然低落的心情與吵著要出院的脾氣，以及因身體不舒服而大聲咆哮的話語。

在醫院陪著爸爸時，我必須笑，回到家後就會莫名掉淚，心中閃過數萬次的「為什麼？」但隔天還是得打起精神，在醫生巡房前到達醫院。記得那時，每次跟醫生談完話，最後一定會淚流滿面，當時我在醫院很出名，因為愛哭。醫生助理跟我說：「梁醫師說你每次都哭得很傷心，他看了也很難過，要我代為詢問，你有沒有需要幫助的地方，或者讓心理醫生和社工跟你聊聊。」我說：「好，因為我的心真的很痛、很痛。」

後來爸爸腹脹很嚴重，抽出來的腹水都是紅色，我們鼓勵他多走路。他也試著這麼做，一開始每天走十分鐘，慢慢進步到一天走二、三公里，

無論你現在身處的環境如何，都不要絕望！保持信心，你的意志力比任何藥都要有效果！

因為他感覺到，多走路肚子會比較舒服，也可以看到不同的人，與他們聊一聊，心情會好很多。這樣讓他覺得，自己並不是最可憐的，慢慢地也會吃比較多食物，體力也恢復了一些。由於爸爸強烈希望能回家治療，醫師回答：「只要你不要再發燒，就讓你回家。」

為了達成他想出院的願望，我也替他設定飲食計畫，看似很簡單，其實很難，因為他是一個老吃貨！只挑他喜歡吃的餐。而且化療讓他食欲減半，為了讓他獲得更多熱量，除了吃 NISORO、高蛋白、薑黃，我也會買他想吃的食物，只為了讓他多吃幾口。在陪伴爸爸的這些日子，我了解不要給他們貼標籤，要和他們吃一樣的食物，不要讓他們覺得被孤立，找些讓他們會開心的事，對他們要有耐心，時常陪伴，雖然他會說：「不需要你們來。」但是，有親人陪著，真的會使他們安心許多，也會多吃一點點。

陪伴他的這段時間，我取消了一些活動，教練課有時候也延誤到，畢竟人的生命有限，把注意力放在家人身上，遠比這些重要多了。

過了一段日子，爸爸終於出院回家靜養。回家休息後的三個月，他開始爬山和每天做甩手功，並吃最重要的健康飲食，身體恢復得非常好。飲食和運動，對癌症病患來說是最重要的一環。當然最重要還是自己的意志力，他恢復的狀況好到連醫生都驚呼連連，完全超乎預期。

我和他的關係從原本很不好，現在變得很好。他的脾氣也改了很多，對於有我這個女兒感到很驕傲。爸爸是很傳統的父親，以前覺得兒子比較能依靠，現在會覺得，其實小孩都是一樣的。

　　生命非常脆弱，必須靠心情和意志力去克服心魔，當家中有人生病時，其實是全家都在一起承受著這些痛苦與傷心。非常感謝陪我一起走過的粉絲，也謝謝和信醫院的梁醫師和團隊救回了爸爸。經歷這件事，我覺得癌症是可以戰勝、可以改變的，重要的是和醫生討論飲食、運動方式，調整心情。還有家人的陪伴，因為家人就是他的支柱。還有，不要放棄自己，這真的很重要。

後來，爸爸的肝癌沒有繼續惡化和擴散。我們完全不敢奢求腫瘤縮小，光這好消息就讓我們開心到有點情緒激動！

我覺得，這幾個月的心情轉變很大，對生命的看法也與以前不同，老爸的飲食觀念也有所改變，吃得比以前更健康，比較不會挑東挑西，也慢慢改掉愛生氣的壞脾氣，因為太愛生氣會對肝不好，每次他講話大聲點，我就會制止他。

待在醫院兩個月陪老爸的日子裡，有時候我真的是快透不過氣，因為他有時用充滿希望又哀傷的眼神問我問題，我無法對他說實話，也不能讓他看到我流淚，就真的是強顏歡笑……

家屬要照顧病患，也必須調適自己的心情，偶爾要好好放鬆喘口氣，也要注重自己的健康。

　　　　　　　　　　　　　　　　　　　第二章 觀念篇

gina's
Concept

第二章 觀念篇

39 歲的姊看起來像 25 歲的妹

gina × diet × sport

想瘦很容易，只要一直動

　　許多朋友都會問我：「你怎麼可以一直維持運動的動力？」其實，我只是想要保持身體健康，就這麼簡單。

　　我是因為生病才開始運動，不希望自己看起來像個歐巴桑，我不奢求能穿 S 號的衣服，但希望一直能保持穿 M 號。那時候國外很流行蜜桃臀，屁股要厚、要翹才有曲線，屁股翹會讓腿看起來更長，穿起衣服來更好看。所以，我想要有腹肌和蜜桃臀。總之，我追求的最終目的是回歸到穿衣服好看、有自信。

　　身體的每個部位都有它的運動方式，按照自己的需求去練，肌肉是可以控制的，不練就會萎縮，繼續練、一直刺激它，配合飲食就會長大。

　　訓練的過程中，我發現一件殘酷的事，那就是必須不斷地持續刺激軟組織（也就是肌肉）兩年以上，它才會改變外觀。不是你今天一直練，就好像會長大，其實只有長大一點點而已，要它完全改變，就需要長時間，而且要去掉脂肪，才會看到改變，像我一週做四天重訓，累得要死，經過一陣子，肌肉頂多長零點三公分。☺☺

　　所以，鍛鍊是要經年累月的，不是練個半年就好，絕對不可能。而且

只要一個月沒有訓練肌肉，肌力就會下降到五十％以下。若是兩個星期沒訓練，初期體重會開始變輕了，那是因為肌肉逐漸在減少水分，脂肪漸漸增加。別高興得太早，變輕，這就是變胖的開始。

所以有人會說：「我這個月出國兩個星期，明明沒有運動，卻變輕兩公斤耶！」那是因為沒有做好飲食控制，使得水分變少了，肌肉開始沒有重量，體脂也上升了。

開始運動後，我很明白這些事。所以，當我嚴格減肥時，就會持續運動兩個月，一、三、五做重量訓練，二、四做有氧，週六做瑜伽，瑜伽對我來說不是運動，只是放鬆伸展而已。從我的運動項目可以知道，我花了很多時間、心力，也花了很多錢。但是，對我來說，再怎麼樣都比花在藥錢上面好。

說真的，誰不想過著吃很多又不太需要動的日子，但是說得直接一點，這就是豬過的生活，如果你要活得像隻豬，必定會長得像隻豬。一個星期只做一天十幾分鐘的運動，或者做有氧時完全沒有達到心肺訓練的標準，不然就是重訓時做個幾下就覺得累，運動前要吃，運動後也要吃，如果仔細去計算攝取的卡路里，會多到讓自己驚嚇的程度。

想減重，就必須運動，而運動要有效果，就必須把自己操到累、想罵人，每做完一組就無力，訓練完後，整個人會呈現放空呆滯狀。所以，親愛的，**你所喜歡的都不在舒適圈裡，想要瘦，就要離開自己的泡泡。**

我曾經在一個月內瘋狂運動，體脂達到十四‧七％，是近年來最瘦的一次。一個月要降一點五公斤，代表這個月要消耗一萬一千五百五十卡（瘦一公斤要消耗七千七百卡），再怎麼運動都很難消耗這麼多的熱量，所以我加重了訓練，更改了一些運動項目：

1 2
3 4

1　「我是最好的。在我了解到這個事實之前,我已經這樣說。因為我意識到,只要我說得多,就可以說服世界我真的是最好的。」——拳王阿里

2　如果正面贏不了人,那背面就要夠迷人!

3　我完全遵照「80% 痛苦,20% 幸福」的原則。我出國也是常常大吃大喝,但還是會維持運動的習慣。能大吃大喝不用擔心會變胖,對我來說是幸福的。

4　整天唸叨着要減肥,下一秒嘴裡就塞零食了。對!我就是在說你!

意志力、意志力、意志力！當你賴在床上時，我已經準備去運動；當你正在大吃，我正在均衡飲食；當你做運動 5 分鐘就放棄⋯⋯那對你身體帶來不了什麼變化。

因為健身，我正喜歡上自己

◎重訓：兩至三天

◎泰拳：兩天

◎心肺：一、兩天（其中一天跑步，另一天上肢訓練有氧）

◎瑜伽：一個月兩次

◎比以前吃更多肉（就是每天會再多吃一包肉）

◎提早在十一、十二點前上床躺平

這樣運動真的很累，那種累是躺上床三分鐘內一定會睡著，那種累是打拳打到一半就會很想放棄，可是心中的嚴厲小天使就會跑出來告訴我：「你還可以，再撐一下。」這時，好心的惡魔就會跟我說：「等等吃個好吃的慰勞自己，管它什麼減肥！」他們兩個常常交戰，搞得我快瘋了。但是，一個月後的成果讓我非常滿意。

瘦下來後，很多人問我：「Gina，你是怎麼做到的？」我整理出十個重點：

一、一定要做心肺訓練，一週三、四天，一次最少三十分鐘以上，每次都要做到全身濕。因為我的肚子不太會流汗，我就要求自己做到肚子濕了，那時全身都會濕，而且濕到內衣褲。如果你是腿很難流汗，就要動到腿流汗。

二、只做三十分鐘左右的心肺訓練（也就是有氧運動，像是跑步、登階），不會讓你營養不足，所以訓練完不餓，就不用吃，可喝兩百 CC 微糖豆漿。

三、想要降體脂肪，就必須吃大量蔬菜。吃飯的時候，先吃菜、再吃

肉，讓這些食物占滿胃部，最後再吃澱粉。如果這時候已經覺得六、七分飽，但是澱粉還沒吃完，就放在旁邊，過一會兒再吃，讓身體沒有多餘的熱量、累積脂肪。

四、多走路，只要能走就走。我在減肥時，只要沒有趕時間，就會盡量走路，有一次從東區走回內湖公司，走了快兩個小時。

五、坐著的時候，核心要縮緊，不可以駝背。

六、睡眠很重要，熬夜會讓你的內臟脂肪降不下來，肌肉修復也會緩慢。想要減肥的人，絕對不能熬夜。而且不管你多年輕，熬夜隔天外表看起來就很憔悴、老了好幾歲。另外，太晚睡會促進食欲，一不小心就吃了消夜。

七、如果要運動，但沒時間吃飯，可以吃高 GI 的食物快速補充能量，但熱量依然不能太高。

八、想要瘦肚子，吃飯只能六、七分飽，不能吃到撐，因為肚子會鼓鼓脹脹的。怎樣做到？吃得很慢，讓大腦有時間告訴你現在的狀況，另外，可以將一餐分兩次吃，先吃一半，兩個小時後再吃一半，身體才不會吸收太多東西。仿效野生動物，吃夠就好，不要吃很多，還要把其他食物藏起來，真的餓了想吃再吃。這樣做至少要花一個月，才會看到成效。

九、想要瘦腿，就要常按摩，像我就是花很多時間在按摩腿。

十、在必要減肥的情況下，**有運動跟沒運動的差別只在於一有運動的人只比沒在運動的人多吃一點點而已。**

想瘦，沒有捷徑，就是要動。所以，當你們還在睡時，我已經準備出

門運動了。我何嘗不想多賴在床上一會兒，但當我浮現這個念頭時，嚴厲小天使就又出聲了，她說：「你連起床都做不到，那你還有什麼做得到？」於是，我便出現在健身房裡。

pretty
×
eat

1 2
1　別人說你不行，不代表你真的不行！
2　從以前到現在唯一不變的是，我還是熱中按摩～

如果我二十八歲就知道這件事，可以漂亮更久

　　運動後，我大徹大悟到一些事──如果在二十八歲時就知道這些事，我的生命會是無限美好，因為我還可以漂亮更久。我很在意漂亮這件事，現在的我，已經三十九歲了，開始認真運動保持健康算是有點晚，雖然現在開始也不遲，但是如果能更早知道會更好，這是我最後悔的事。

　　為什麼這麼說？因為**運動可以讓身體維持在年輕的狀態**，如果提早十年前來做這件事，對我的人生是很有幫助的。再加上飲食控制，將它們變成習慣，身體就會維持得更年輕，第一，我不會生病；第二，不用再克制自己減肥時只喝拿鐵和零食。

　　運動的習慣是要慢慢養成的，而且要讓自己喜歡這件事。我能夠持續下去，是因為運動真的讓我的外表比起三十出頭時年輕許多，氣色看起來也好很多，身材也變得比較有曲線。

　　看到自己變年輕，就有意願一直持續下去，我相信沒有人想讓自己變得糟糕，除非你正在放棄自己。所以，我一直持續堅持運動。**想要變年輕，其實沒有什麼訣竅，重點就是你有多在乎你自己，你就會有多想要變成你自己喜歡的樣子。**當身材變好後，就會很注重外在，會想要美髮、做指甲、買漂亮的衣服穿，也會想買年輕女孩流行的東西回來用，因為

覺得自己的身材也不輸年輕妹，心態年輕後，人自然而然會變得更年輕。但是，這些都不及對自己有自信來得更重要。

我和很多女生一樣，非常在意自己的另一半。我老公是很注重外表的人，雖然他年

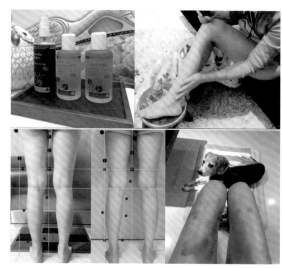

我常常按摩自己的腿和手臂，因為這是偷吃步的辦法。

紀比我大，但當年我生病後看起像卻像是五十幾年次，比他還老，讓我非常絕望、傷心、難過，很害怕被他遺棄。我結婚和談戀愛時，生活有九十％都是老公為主，他說了算！就算他說的話讓我很生氣，我還是會照他說的話去做。

現在我改變自己，沒有這麼聽他的話，「不要」就是「不要」，只有五十％會聽他的。我開始愛自己，這件事真的還蠻重要的，我看到自己的轉變，更明白人一定要愛自己。**運動，不但能讓自己變得健康，增加許多正能量，更帶來了自信。**

當我還是服飾網拍公司老闆時，很黏老公，拍攝出外景時會要求他送便當來，陪我吃飯。會希望他時時刻刻都陪伴在我身邊，做任何事情都會希望引起他的注意，事事以他為主。但男生好像不喜歡這樣，會覺得你怎麼沒有自己的主見和想法。現在的我很有自己的想法，也學會給彼此一些空間，我想這是因為找回了我自己。

運動所帶來的投資報酬率非常高。雖然說要去運動、努力控制飲食，讓自己變得更美，這條路其實艱辛難走，但是想到天堂，哪有那麼容易。尤其是很多女性在生產或結婚後會不再節制，讓身材慢慢變胖，此時就會比較容易放棄自己。如果已經有小孩的，沒有很多時間上健身房運動，可以在一天裡找個時間、空間做自己想做的事，如邊看韓劇邊做運動。很多事情長期做下來，就會看到改變。

也許你會說：「變醜、變胖無所謂啊，我就是喜歡自己這樣。」然而，你捫心自問，真的喜歡這樣嗎？如果可以靠自己去改變，你願不願意？同時，**在改變的過程中要好好想想，你是花了多久的時間，才讓自己變成這樣，就要花多久時間，努力讓自己的身體變回你想像的那樣**。所有的一切都是靠時間，想要變瘦，必須訂下小目標，慢慢前進，再訂下大目標，想在三天內或十天內實現夢想，是不太可能的。

如果一開始運動沒辦法克服懶惰，不妨找個同伴，可以增加動力。多數人都會有各種不去運動的藉口，有時會想說下班已經很晚了；或是很累，回到家只想躺在沙發上，有個同伴就比較可能把時間空下來。可以和運動伙伴互相提醒、督促：「時間到了，要準時出席。」一週至少安排三天運動，一次一小時。

你要先學會愛自己，才有能力愛你身邊的人。這不代表自私，當你愛自己，你的心態和身體就會更健康，當你的狀態更好，才有能力好好照顧家人。

運動過後流下來的一滴滴汗水，是脂肪的眼淚，看到就會覺得很開心，因為又完成了一件事，會帶給我們很大的自信。很多人做不到，但是你做到了，你為自己做了一件正確而且健康的事情，是很值得鼓勵的。

　　我會這麼堅持運動，除了健康，還有我明白一般人做很多事情都容易半途而廢，無法一直堅持下去，尤其是看不到追求的目標，會感到徬徨而失去自信。所以，當運動到一個程度後，不如換個角度思考，我只是為了追求身體健康，就不會去想這麼多。「運動能讓身體曲線更好」「能夠吃更多」，都是運動帶來的正面效果。

　　尤其是當你後來看到同年齡的人，會發現自己不但更健康，外表比他們看起來還更年輕，都是很好的正面影響，會讓自己有努力下去的動力。

1

2

1 不管再怎麼累，只要有你，我就會堅持下去。

2 原本只是在個人臉書單純分享結婚週年心得，誰知大家都把焦點放在腳上，好吧我不得不承認因為接受運動的洗禮，雙腿唯一改變的是肌肉量非常多，脂肪層較薄，所以看起來不鬆散，腿也比較有力。再加上對於腿我只喜歡線條，不喜歡東凸一塊西凸一塊，所以勤加按摩，分享了 N 次按摩方法。

　　或許也跟基因有關，我只要認真減脂，第一時間就是瘦腿，再來是屁股，肚子永遠是最慢的。也許仍有很多人對體重抱有迷思，但我要慎重的告訴你，我很感謝這一、兩年因為運動增加的肌肉量，讓我在這把年紀還能保有如 26 歲的雙腿。

考國際教練證照，覺得自己變得更「正」

我是個擁有國際教練證照的部落客。我敢大聲說，這是用血淚和金錢換來的。

認真運動一年後，我終於決定去考教練執照。很多人會運動，但不見得要去考教練，為什麼我會想考？因為我在部落格及臉書上會寫些運動、飲食的知識，有些網友就會酸說：「你的知識很奇怪！」這時粉絲會幫我講話，有時候他們也會被酸回去。我不希望他們被如此對待，便決定去考教練，但我壓根兒就沒想當教練，只是期盼當被問到問題時，能夠很正確的回答就可以了。

另一方面，也是受到朋友影響，看到朋友考取了國際教練證照，吸取了非常多知識，燃起了想考教練證照的念頭。而且，考上以後還能到國外進修，我不但可以接收新的知識，與網友分享，還能用專業幫助他人。

進修對我來說就像是一本書，必須不斷的充實自己，才能在生活上寫下精彩的篇章。當哪一天翻開了某年某月的這一篇，會想起當時正在努力考證照的情景，以及

任何一萬遍的空想，都不如一次的實際行動。

那時認識的人事物。

　　然而，想像是美好的，真正開始做又是一場試煉。因為要學習的知識很多，包括營養學、肌肉解剖學、運動生理學、阻力訓練的技巧、心肺功能、伸展，還有特殊族群如何運動，包括癌症、高血壓等病患的運動傷害預防。

　　我用八個月時間、花了十多萬學費，考了三次才考上。這段日子裡，我不斷地希望、不斷地失望，甚至在知道自己又沒考過的時候，在計程車上大哭，在半夜看到成績時大哭。我開始看不起自己，甚至覺得我就是這麼沒有用，連讀書都不會，我就是這麼笨，幾乎要放棄立志向上的自己。

　　準備前兩次考試時，因故沒辦法專心讀書，第一次是知道爸爸得肝癌，要去醫院照顧他，課上了一半就沒去上。考兩次沒上後，我告訴自己，不要再失望了，如果第三次再考不上，就不考了。

那段艱辛苦讀的日子，幸好有毛孩阿裘，牠總是靜靜地陪著我一起讀書。

　　由於我就是落榜王，在第三次收到成績單時，根本就喪失信心，沒有當初看成績單時那種高低起伏的情緒了。拆開信件的時候，一字一字讀了三次，才相信自己終於考過。也許有人會覺得拿到這證照又沒什麼，但對我來說，是肯定自己的開始，過程中也認識了很多教練朋友，學習更多正確的運動專業知識。

　　這些對我的幫助很大；如果我只是個健身者，沒有上教練課，我不會了解許多知識，尤其是特殊族群如何運動，因為爸爸得肝癌，我們希望他多走路、甩手，慢慢恢復健康。讀書的時候，我對這部分的知識也特別認真，以後如果長輩要運動，我可以教他們動作和技巧。

1　2
3

1 考上證照之後，才開始在媒體分享自己的健康概念。

2 我常常和新聞台的朋友分享在家裡就可以運動的小方法。

3 沒有人會一直順利，你只能更加堅強！然後有一天，你可以笑著講述那些曾讓你哭的瞬間。每次跟記者講到以前公司和生病的事，我還是會難過得落淚，心中不捨的是我那十幾年的心力和大家一起奮鬥的努力。

　　　　　　　　　　　　　　　　　　　　　第二章 觀念篇

　　還有，膝蓋痛的人要怎麼做深蹲？手扶著椅子做就可以；高血壓患者不能做頭往下、做撐體的運動，最好做直直站立的運動。

　　此外，對自己的運動幫助也很多，我知道怎麼做可以瘦更快，除了飲食控制，**在運動時覺得自己好累了，其實還可以再多運動十分鐘，因為身體永遠比大腦的感覺還要慢。**「不想做」是大腦的意識，不是身體說的。

　　在一個月瘦了三％體脂肪那段時間，連續十天做很激烈的運動，那次真正感到肉體很累，當每次大腦說「我好累」的時候，就會強迫自己再做十分鐘。或者是將運動分成早、晚做，也可以累計一天消耗的熱量。

　　我對運動有些上癮，也會持續下去，將它當成是一輩子的事，因為運動完後，會覺得心情蠻好的，可能是腦內啡的關係吧。也可能是流了一場大汗後，覺得很多事情沒有那麼困難，可以慢慢解決，不用急於一時。

　　運動改變了我的人生觀，也意外的讓我找到第二人生。所以，現在我告訴自己，不要去想明年會更好，而是明天會更好。

　　最開心的收穫是，我的體內年齡是二十多歲。我很討厭人家叫我「美魔女」，因為我不是，也不喜歡別人叫我「辣妹」，因為我也不是！我就是我，我正在變成自己喜歡的自己。

無論如何請你記住，無論別人再怎麼好，你也差不到哪去！

有氧運動可以燃脂，但是光靠跑步無法瘦

　　大部分的人都是從有氧運動開始，有氧運動被公認為是最好的健身及減肥方法，也是我最喜歡的燃脂運動。

　　其實我原本不喜歡有氧運動，後來愛上它，是因為它可以讓我的身體變年輕、更輕盈。要讓身體變年輕，就是要讓心臟及血液充分循環，有氧可以讓血中的脂肪下降，也就是讓膽固醇下降，這很重要。

　　有氧運動還有一個優點，就是可以排汗。當經期來時，整個身體浮浮腫腫的，就像一捏水就炸出來一樣，我就會用跑步排汗。每當假期前，或是晚上有餐會，我知道會吃很多，為了讓肚子能裝下更多食物，赴會前會用跑步消耗一些熱量，也可以提高身體的代謝率。

　　常見的有氧運動項目有：快走、步行、慢跑、滑冰、跳繩、騎自行車、滑步機、階梯機、划船機、跳健身舞、做韻律操等。

　　它的特點是強度低、有節奏、不中斷和持續，時間長，但會有點喘。一般來說，除非有特別的疾病，有氧運動對每個人改善心肺功能和減脂都有非常好的效果，是非常適合在做重訓和核心訓練前後的運動。

3.02 公里

大阪市此花區, 大阪

**小秘訣：志在沿途美照，
激發跑步的心。**

我只要出國就會跑步，並且看到美麗
的風景就會停下來拍照，回頭看這些
自己跑步時所拍下的旅程照片，都會
特別開心。

游泳是非常好的有氧運動，但如果不太會換氣，而一直憋氣就
不太好了。

　　在有氧運動中，一般人最常做的是跑步。跑步，可以幫助身體做心肺訓練，它對心血管很好，如果可以每天持續跑步或快走，達到讓身體很喘的狀態，對健康非常有幫助。

　　很多女生喜歡做有氧運動，因為不想讓肌肉變大，然而，光靠有氧想瘦是很有限的，除非你是馬拉松選手，訓練量很大，光熱身就要跑五公里，而且每天至少跑十公里以上。如果像我一樣只跑個三到五公里，剛開始確實會瘦，但不久後就會停滯。所以，要捨棄跑步可以減肥的想法。

　　如果想要藉由有氧來瘦身，有一個方法——增加強度，這週跑三公里，下週就要進步到四公里，再下週就要跑五公里，強度要愈來愈高，不能讓你的身體去適應你的強度，而要讓你的身體永遠無法適應，覺得捉摸不定。讓身體捉不到你，不曉得你的下一步，覺得你的運動模式是個謎，這才是最重要的。

　　不過，跑步很容易受傷，有研究指出，一百個跑步的人有五十個人會受傷，而且受傷之後就不會想再運動了。所以，除了跑步，也可以做其他有氧運動。

重訓幫助你燃燒更多體脂肪，曲線更窈窕

運動除了做有氧，還要搭配重訓，目的是增加肌肉量、提高身體的代謝率。雖然重訓很辛苦，但只要肌肉量增加，就算躺著滑手機也可以消耗更多熱量。一公斤的肌肉，每天可消耗的熱量和脂肪，相差高達十倍。

為什麼我要做很多重訓？因為重訓對身體好處多多，跟有氧比起來，重訓可以燃燒較多體脂肪及卡路里。你的肌肉量決定了你靜止中的代謝率（人只要活著有在呼吸，就會消耗卡路里），所以肌肉愈多，代謝就會愈好，就可以消耗多一點卡路里。

對女生而言，重訓最大的成效在於體態會更好，也就是曲線會更美，肌膚會看起來比較緊實。由於脂肪是鬆的，肌肉是緊的，所以只要加強

就算一直都有運動習慣，但還是無法抵抗時間的無情，如果喜歡自己現在的樣子，也只能比之前更加努力。我不是天生愛運動，只是想遇見更棒的自己。

重訓，就會有緊實的效果。相信沒有人希望自己的肚皮、屁股和大腿很鬆，重訓可以幫助你變得更緊實。

大量研究充分說明，重訓可以雕塑局部體態。但是，要記得全身都鍛鍊到，想像一下有胸肌的男人，手臂卻很細，那不是很怪嗎？我在做重訓時，會針對不同部位運動，像是單手盪壺、分腿蹲、硬舉，有時候就做空蹲加上勾拳，提高運動強度。

重訓還有個優點，可以增加骨質密度，我行事一向未雨綢繆，現在就要為未來的更年期做好準備。要預防骨質疏鬆，不能只吃鈣片或喝牛奶補充，重訓和曬太陽（要做好防曬）對女性都很好。

它也可以幫助降低三酸甘油脂和膽固醇，減少對膝蓋的負擔。當你的肌肉變強，支撐力也會變好，膝蓋就可以減輕負擔。前提是重訓訓練的姿勢、位置、用到的肌肉都是要正確的，才不會造成膝蓋受傷。現在很多人瘋跑馬拉松，如果你想要成為一個更好的跑者，肌肉量增加後，運動的表現也會跟著提升，核心會變強，代謝變好，做有氧運動時也可消耗較多的卡路里喔！

重訓對心臟也很好，根據阿帕拉契州立大學研究指出，做四十五分鐘的中等阻力運動，可以降低血壓二〇％，它可以減輕心臟的負擔，同時降低心跳與血壓。因為定期運動的人，在身體靜止的狀態下，心臟會跳比較慢。

想要做重訓的人，姿勢一定要正確，可以請教練教導或者詢問駐場教練，該如何使用重訓器具，如果在姿勢錯誤的情況下，哪怕是只有一點點的差距，練的地方就會不一樣。做重訓時必須非常努力，做的每一個動作都能夠讓你流汗，有些人做重訓沒感覺，就代表用錯了部位，用對

只要你真正的努力過，
必會期待結果！

1 2
3

1 不要再說自己腿短，你就是腿上肉多，
   想要一雙美腿，就必須好好鏟肉！

2 只要你真正的努力過，必會期待結
   果！

3 你的人生永遠不會辜負你，因轉錯彎
   而迷失的路，不甘心而流的淚水，為
   了努力滴下的汗水，經過歷練留下的
   傷痕，都是成就獨一無二的自己。

　　　　　　　　　　　　　　第二章 觀念篇

部位會很喘，甚至會很想打人。

當你在做重訓的時候，有一個加強效果的方法，專心想著正在練的部位的肌肉在動，像我在臥推，會專心想胸肌和前三角肌；當我在深蹲，就想臀大肌在用力。要靠自己的思想、意念，去操作你的肌肉，訓練的時候不能夠去想說明天的約會、等下要去吃什麼，你一定要非常的專注，這樣運動的效果就會加倍。

我更發現，**重訓可以鍛鍊、突破自己，讓你在心靈層面得到不一樣的收穫。**當你時常挑戰自己，做到連自己都以為做不到的事，包括自信在內的各方面都會得到提升。

只是，當肌肉量增加時，體重也會增加。所以，當你重訓一陣子後，發現體重增加，不要難過，這代表你身體開始「長肌肉」了。同時，尺碼會小一號，食量會比之前大，這是因為身體的營養需求增加了。女生要注意看體態，而不是體重！看我的身材就知道，雖然做很多重訓，但是不會變壯，而且變得更有曲線、更美。**做重訓一段時間後，你就會覺得自己很棒，每天都會被自己美醒。**

挑對食物吃，慢食瘦更快

不少人問我：「減肥要怎麼吃？」首先要問：「為什麼你會胖？」

我們的身體每天都會消耗基本的熱量，這是熱量「基礎代謝率」，如果攝取的熱量高於每日身體所需，是正能量平衡，會讓身體變胖；如果攝取的熱量低於每日身體所需，是負能量平衡，會讓體重變輕。

重點來了，要達到負能量平衡，必須減少熱量攝取和增加熱量的消耗（運動）。減少熱量不是不吃東西，而是挑食物吃，不要故意挑高熱量的食物，例如牛肉塊可以吃，但你偏偏就要選牛肉丸；吃火鍋時有新鮮魚肉可以吃，你偏偏就要吃魚餃；減肥吃麻辣火鍋就很過分了，偏偏還要點老油條、炸豆皮；吃麵包最好吃老麵糰或全麥麵包，但你就是喜歡很甜、內餡都是巧克力的；想吃雞腿就煎一煎或烤一烤，結果你就一定要吃炸雞腿。

就是這麼簡單，減肥挑食物吃就對了。減重沒有其他捷徑，只有飲食控制加上運動。所以，當你要開始減肥的時候，就要挑選能夠幫助身體燃脂的食物，如洋蔥，可以幫忙降血脂肪，我很喜歡吃洋蔥炒蛋，一次就可以吃掉一整顆

減肥時吃麻辣火鍋，已經很過分了⋯⋯邪惡的是，你還想吃油條！

通往性感好身材的路很遠，門也窄。
沒有苦苦的堅持，就不會有你想要
的結果。

洋蔥。我會在食物裡添加薑黃，它可以促進體溫上升，燃燒熱量；巧克力只能吃一〇〇％的，它含有可可脂，對身體很好，也可以幫助減肥，但是一天只能吃三十克，吃太多也是會肥。

在減肥時，也不能降低食物的攝取量，簡單的說，就是**每天都要吃足自己基礎代謝率的食物，否則基礎代謝率也會下降**。所以有些人會出現，明明已經很努力控制飲食，體重卻不降反升的狀況。

為了維持身體的基本代謝率與攝食產熱的需求，男性每日攝取的能量不得低於一千五百卡，女性是一千兩百卡。（這只是參考數據，每個人的基礎代謝不同，請按照自己最低的卡路里攝取。）

如果每天身體攝取不足的熱量，反而會影響減肥速度。每公斤的脂肪組織相當於七千七百大卡的熱量，若每日攝取不足五百五十至一千一百大卡的熱量，每週可減肥零點五至一公斤。然而，快速的減肥會加速體組織的分解，影響健康和運動的表現。

我建議想要減肥的人最好增加肌肉量，可以透過中強度的運動，再加上吃對的食物，讓身體持續有營養的能量來源，使基礎代謝提高。

至於什麼時候運動最好？依照個人的時間而異，我都是在早上，如果

上班族只能在晚上運動，當然也可以。要提醒的是，飯後最好間隔兩小時再運動。

另外，想要減肥的人，記得要「慢食」。以前我不覺得自己吃東西很快，後來和一個女性友人一起吃東西，她還沒吃到一半，我已經吃完了，那時候才發現說原來我吃東西很快。這都是老公害的，因為他吃東西很快。如果長期和吃東西很快的人一起吃，不管他有沒有催你，就會吃很快，而且吃太快就會吃太多。

我開始學習放慢速度時，就不會吃那麼多，當吃得慢的時候，大腦也會來得及告訴你，現在飽了。很多年前曾經裝牙套，兩個月從五十三公斤瘦到四十九公斤。因為戴牙套，會吃得很慢，因為吃得慢，一起吃飯的人也會想說你是不是不想吃，就幫忙吃……XDDD 這算好事嗎？那時我才發覺，原來慢食對減肥很有幫助。

我戴了將近三年的牙套，臉型改變超大，而且牙齒也變得很整齊！剛戴時很不習慣，甚至半夜常常痛醒，但戴完整個臉型變得很美，覺得這一切都是值得的。

減肥絕對不能餓肚子

「減肥就是要餓肚子」，相信不少人都有這種錯誤的想法，其實正好相反，想要減肥就千萬不能餓肚子。

因為減肥而拒吃澱粉、因為怕胖而節食、肚子餓了才要吃，小心這樣會讓你愈減愈肥。在健身減肥的日子裡，要如何達到身心滿足以及健康，是很重要的。如果你是剛開始減肥，或者一直無法瘦下來，那麼先想想自己在飲食上是不是出了問題，或者長期下來只做單一的運動。（身體會習慣你的模式。）

很多人犯了跟我以前相同的錯誤，早上喝一杯拿鐵、中午吃茶葉蛋、晚上吃蘋果，以為減少食物攝取就會瘦，這叫做「反覆挨餓」，一直讓身體處在挨餓的狀態裡。這些營養對身體來說是不夠的，此時身體就會去吸收肌肉，因為肌肉會消耗身體更多的熱量，並且留下脂肪，你就變成「泡芙人」，也就是「活動脂肪人」。如果你有在運動，好不容易練出來的肌肉就白練了。

長時間節食，也容易造成身體營養不均衡，

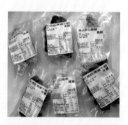

工欲善其事，必先利其器。增肌減脂時期選擇的食物非常重要！尤其是有重訓的時候，應多補充蛋白質。

經過一段時間心理、身體的壓抑後，會整個大爆發，容易變成暴飲暴食，這時候就會復胖。減肥要養成均衡飲食的習慣，所以絕對不能餓肚子。

在練肌肉、長肌肉的健身路上，我會怎麼吃？在正餐時，我會選擇「抗性澱粉」，它屬於天然澱粉，含有比較特殊的成分，無法讓小腸消化吸收產生熱量，但是

小秘訣：吃七分飽
不要一直讓自己是個大胃王！其實身體只要吃七分飽就夠了，有時可以把便當分成兩次吃完，對瘦身更有幫助。

可以進入大腸，有利益生菌的生長，可以預防大腸癌，有點像是膳食纖維，可以降低熱量的攝取、增加飽足感、促進腸道健康、利於血糖控制，以及調整血脂等作用。

開始減肥時，可以在平常吃的白米飯裡增加約二十至三十克抗性澱粉，再慢慢地調整，讓飲食更加健康，也能減少熱量攝取。

什麼是「抗性澱粉」？它分成四類，前三類在日常飲食中十分常見：

第一類，存在於種子類、豆類、全穀類等未加工的食物，如糙米、蕎麥等。

第二類，生的、無法完全糊化的物質，如生馬鈴薯（可煮熟再放冷）、冰地瓜、香蕉等。

第三類，烹煮過又冷卻的老化澱粉，如隔夜飯，但不建議反覆不停加熱，否則會讓營養流失。

第四類，在實驗室裡將第三類的老化澱粉純化後，被運用在一些食品上，可以直接加在纖維較少的優格或牛奶裡食用，不適合所有人吃，如兒童、青少年需較多熱量，就不適合攝取，會影響生長發育；孕婦，則會影響胎兒的發育。

　　「抗性澱粉」不適合胃道消化能力較差者，像是老年人常併有消化功能不良，因抗性澱粉無法消化容易造成腹脹。

　　如果每天吃鹽酥雞、排骨飯或高熱量飲食，吃進去的多，付出（運動）的少，吃再多抗性澱粉也不會瘦下來。

　　我也想要分享一個觀念，減肥的道路很漫長，甚至是一輩子的事，我希望大家能快樂的減肥，接受自己喜歡的運動方式，不要讓自己有壓力的運動，飲食上是需要自己能接受，並且讓身體有足夠的營養。而且，只要有在運動，偶爾想吃大餐真的沒關係。

1 2

1　水果也不能吃太多，果糖攝取過多，也會轉換成脂肪。一天吃兩個拳頭左右的份量就可以了。

2　一個說吃就吃的旅行，回來就是一段瘋狂減脂的日子，但我心甘情願了。

我也不是一整年都在減肥，而是把自己當成巨星般的堅持，認真運動兩個月，會休息一個月。畢竟我是人，不是聖人，也會有想吃的東西，休息的那一個月，我的運動照常，偶爾會去吃麻辣鍋、滷肉飯等，那時體脂就會升高，但是我會告訴自己，連好萊塢明星拍完電影都會恢復自己平常的樣子，我只是個平凡小老百姓，有什麼關係？

　　另外，出國的時候，不要再想減肥了，放鬆心情，好好享受當地的美食、文化，去看看人家吃什麼，能去品嘗就去品嘗。我們是普通人，只要身體健康，達到想要的線條，偶爾讓自己放鬆一下，是很快樂的事情。因為學會了正確的瘦身方式，你知道這次放鬆了之後，如何救回來。

　　減肥最忌諱的，就是一直強迫自己。如果你很愛吃零食，但因為減肥而不能吃，要一個人好幾個月、甚至一輩子不吃想吃的食物，是很殘忍的事，精神壓力會很大。所以我會希望八十％的痛苦，要建立在二十％的快樂之上。如果減肥對你來說是八十％痛苦的事，那就要去尋找讓你二十％快樂的事。

　　常有朋友問我：「今天晚上和好姊妹去吃大餐，是不是明天就變胖？」這是不太可能的事，除非連續四天晚上都吃超高熱量。記住，吃完大餐的隔天，就要吃得很節制。我們要將減肥融入生活當中，它不應該是痛苦的，在變美的路上，應該是懷著美麗的心情往目標前進，獻給和我一起努力的你們。

Diet control
×
Fresh food

第二章 觀念篇

水腫代表體內缺水，一定要多喝水

「多喝水沒事，沒事多喝水。」這個水品牌的廣告標語說得非常好。你們也像我一樣，很討厭喝水嗎？那麼，現在就要改變自己，要愛上喝水，不是茶、咖啡。茶就是茶，咖啡就是咖啡，它們屬於不同物質，也有些人會把牛奶當水喝，這也不行。我說的水，指的就是「水」。

喝水的好處非常多，如果喝得夠多，皮膚比較不容易乾，保水度佳，喝了一陣子後會發現自己沒有特別做什麼保養，皮膚就非常好，而且有水水嫩嫩的感覺，這是花上萬元保養品、努力擦都得不到的效果；如果你覺得臉色暗沉、看起來很老，那麼喝水就能解決，它會讓你皮膚光亮飽滿；如果有便秘問題，喝水加上運動，如一天走個五公里，就不太會便秘。

在還沒開始注重健康的飲食習慣之前，我最討厭的就是喝水，水分的來源幾乎都是從食物攝取，所以身體的代謝機能差，皮膚乾燥、宿便堆積，加上那時期生病後，讓整個膚質看起來就是黃黃乾乾的，外加一堆痘痘。

開始運動後，我每天必須喝下大量的水分，如果說以前一天喝不到一千CC，那麼現在的喝水量就是以前的二點五倍至三倍以上。

很多人問我運動完要吃什麼。
其實運動完的第一件事就是要補充水分。
在運動的過程中，喝水也是非常重要。

第二章 觀念篇

喝水真的是一門學問，剛開始一早起床只喝兩、三口水，接著就喝咖啡，現在的我一起床一定要馬上喝三百至五百 CC 的水，讓內臟快速補充水分，外加一顆蘋果（蘋果含水量很高），在身體覺得好像有點渴之前，我就會趕快喝水。

為什麼起床要喝水？因為睡覺一夜都沒喝水，睡眠時會消耗三百至五百 CC 的水分，起床時身體會缺水，一定要趕快補充水分。當我做完重訓，肌肉會撕裂傷，除了要補充蛋白質、澱粉，也需要大量的水分來幫助修復。我運動後，可以輕易喝掉一千 CC 的水。

很多醫生都推薦喝水的優點，腸胃科醫師就常建議，想讓腸道變年輕的第一個方法，就是每天起床後空腹喝一杯水，最好能喝一杯三百 CC、十五到二十度的溫水，絕對不能喝冰水。空腹喝水的目的是要刺激腸胃，讓大腸吸收水分，把前一晚累積的消化物排出體外。同時，還能降低血液濃稠度。這點很重要，有一次我去抽血，因為一整晚都沒喝水，抽出來的血液的顏色很深，才知道原來喝水讓血液更健康。

如果你想要減重，一天最好喝三千 CC 的水，可以去買一千 CC 的水壺，每天喝三壺。以普通人來說，以自己的體重乘以五〇，就是一天要喝的公升數，以我來說約二千五、二千六。

另外，很多女生為身體水腫而苦惱。水腫就是因為喝水太少，為什麼？以不喜歡喝水的人來說，一天喝一千 CC 的水，其他喝茶和咖啡，但身體會想說：「體內水都不夠了，怎麼會排出去？」就會造成水腫。自從我知道水腫是喝太少水造成的以後，睡前渴了還是會喝水，因為我知道並不是睡前喝水造成水腫的。如果早上起床有點腫，就會去跑步跑到流汗。

事情沒有絕對！
以前我最討厭的就是跑步，
但是後來我卻慢慢地愛上跑步。
因為跑步習慣讓身體更加年輕，
而且沒有負擔的輕盈感超棒！

有些人問：「喝水能不能加檸檬或蜂蜜？」當然可以，但有胃酸的人不適合加檸檬。我認為要學會喝水，喝久了以後會知道水很好喝。現在，我動不動就想喝水，可能加上吃健康餐和運動不停揮汗，增加了身體代謝，長期下來我的宿便極少，臉上除了生理期來時也不會再長痘痘，生病時冒出來的肝斑現在也淺了許多。

在剛開始運動之初，我流出來的汗都是臭的，現在流的汗都已經沒有味道了。運動流汗讓身體代謝不好的物質，排除廢物，加上補充大量的水，能促進體內環保，愈來愈健康。

揮別小腹便便，吃帶皮奇異果效果佳

　　女生最大的困擾之一是小腹很大，尤其是生過小孩的媽媽，肚子怎麼樣都瘦不下來。首先，我們要了解為什麼會有便秘，最常見的問題是纖維食物攝取不足、喝水量不夠、缺乏運動、沒有定時排便的習慣。

　　要如何定義「便秘」？一星期排便少於三次，量少，又乾又硬；三天以上才解一次或排便困難。女性尤其容易便秘，因為女性荷爾蒙中的黃體素會抑制腸道蠕動，常常有粉絲問我如何解決便秘問題。

　　很多粉絲知道我非常推薦吃「帶皮奇異果」和鳳梨，以及火龍果和蘋果，它們是幫助減肥的超加分武器！

　　為什麼奇異果要帶皮吃？很多水果的營養都在皮上，奇異果也是，帶皮吃才能攝取完整膳食纖維。如果不想吃，可以將帶皮奇異果加半杯水，倒進果汁機中打成果汁，每天吃早餐前喝一杯，可以幫助排便。

　　帶皮奇異果怎麼吃？用乾淨的菜瓜布或湯匙，將奇異果皮表面的絨毛刷乾淨後，切一切吃。

　　爸爸得肝癌時，醫生也建議他吃帶皮奇異

果。如果吃奇異果會過敏，可以改吃黃金奇異果，國外《過敏及臨床免疫學期刊》研究報告指出，黃金奇異果的致敏性蛋白質含量比一般奇異果降低了五十倍。

網上有許多奇異果幫助美容、減肥的好處，但也有吃奇異果卻減肥失敗的案例，如果仍舊持續熬夜、吃高熱量食物，每天吃奇異果也是無法瘦的，只有搭配飲食控制與運動，才是健康減重的不二法門。

然而，奇異果雖好，也不能食用過量。此外，奇異果中鉀離子含量偏高，有腎功能不全、限鉀飲食者，最好不要食用。

蘋果也是對身體和皮膚非常有益的水果，我個人很愛吃，有時候會買一箱，一天吃三顆（因為有在運動，可以吃得比沒在運動的人多一些），它的作用是可以針對下半身消除水腫，帶皮吃可以治便秘，但前提是不能加蠟，要洗得很乾淨。

除了水果，想要揮別小腹，你們可以試著跟我這樣做：

一、**主食不要吃得太精緻**：多吃食物（食物和食品不一樣）和簡單作法的餐點，多吃蔬果類，但有些會造成腹脹，所以請均衡攝取。

二、**吃全麥粗穀類、麥片、糙米**：全穀類食物含有豐富的膳食纖維，非水溶性的纖維質本身就可以刺激消化道運動的效果，而且它無法被消化酵素所分解，可在腸道中發揮清潔的功能，增加糞便的體積，將大腸曲折處的宿便刮除下來排出，但是腸胃太弱者不適合。

三、**適量的運動**：如果工作是久坐者，腸胃蠕動也比較慢，就請你偶爾要起來走一走，然後下班時去運動一下，適量的運動可改善身體機能，幫助腸胃蠕動，促進便便的移動，增強便意和排便的順暢度，尤其是腹

training ✕ *health*

部的肌力訓練，每一次做到一半我都會打嗝。

四、腹部按摩：用手掌往順時針方向按摩腹部，適當的出力加壓，壓下去時請吐氣，這時會打嗝，再壓一陣子會放屁，可促進腸道的蠕動，保持大便通暢。

最後，千萬不要帶手機進廁所，把注意力集中在「我要便便」，就像在做肌力訓練時一樣的集中注意力。還有一點，廁所的乾淨也很重要，我每三天就會清潔廁所，也會放上香氛，美化視覺和嗅覺。希望這些技巧能幫助你們擺脫小腹便便，迎向順暢人生。

快走或慢跑也可以有效幫助排便，但前提也是要多喝水。

運動前後該怎麼吃？

「吃」這件事在人生中占有很重要的地位，也是減重者最難克服的「魔」。「既生美食何生脂肪」，有在減肥的人，對這話應該再認同不過了。為什麼老天爺要讓人有「食欲」，卻要我們學會「克制」這件事情呢？所以，我才會說，減肥是一輩子的功課，也要學會時鬆時緊。

運動要怎麼吃？如果你的運動是很輕度的，如做二十分鐘有氧，吃一根香蕉就可以，它的能量可以讓你做九十分鐘的運動。有人會問：「怎麼可能？我很快就肚子餓了。」請自問：「是真的餓了，還是嘴饞？」其實是你自己還想吃東西吧。

如果我在運動前一個半小時覺得肚子餓，會吃比較單純的食物，烤地瓜配一杯美式咖啡，如果喜歡喝果汁，也可以選擇果汁。

在我很瘋狂運動的時候，會在健身房會待兩小時，從早上七點做到九點，包括重訓後的有氧，重訓（通常是腿部的訓練比較多）前的熱身，去之前如果只吃一小顆地瓜，很快就會餓，這時會喝運動飲料補充糖分，就這樣而已。

運動過後十分鐘，要先補充水分，在運動後的一個小時內是身體吸收養分的黃金時期，可以攝取好吸收的食物。這時候不管運動的目的如何，

1 2

1 你要記得，你不是仙女，所以要吃得健康，不是喝喝露水就能輕盈過活。

2 可以哭，可以恨，但是不可以不堅強。你必須非常努力，因為後面還有一群人在等
　著看你的笑話。即便是躺著中槍，也要姿勢漂亮，fighting！

攝取足夠的營養，讓身體迅速恢復能量，都會讓效果更好，如果選擇不吃，下一餐可是會雙倍吸收喔！

　我會選擇在早上運動，因為運動完可以提高身體的代謝率，而每次運動完都是我補充營養的時候。早在十多年前，美國運動醫學學會和美國膳食協會就曾經肯定「運動後營養補充」的重要性，尤其在中高強度有氧運動後，身體非常需要恢復精力與修補肌肉。簡單的說，這時候你需要一點卡路里，就像是車子沒油了需要補充，才能走更遠的路。

　中強度運動後最適合吃複合性澱粉食物的時候，例如地瓜、馬鈴薯、穀類、藜麥等。另外，運動時會消耗肝醣，補充優質的碳水化合物（蔗糖、穀物、水果，都含有大量的碳水化合物）可以幫助體力恢復，有助於肌肉修補，也不會儲存成脂肪。

　減肥時如果只吃蛋白質，不攝取碳水化合物，長期下來身體營養失調，反而會復胖。已經有不少研究顯示，**碳水化合物配合適量的蛋白質，可以增加肌肉質量與性能，甚至有助於減少體脂肪。**

生理期到底能不能運動？善用經期減肥法

常常運動的我，很常被問到的問題是：「月經來，我會運動嗎？」答案是：「看經期狀況！」我看了許多國內外研究資料，專家對於月經來時是否可以運動有不同的意見，有的認為，在經期中運動，經血量會增加，也會使腹痛更加嚴重，但有的研究顯示並無影響。

女性的身體就是受到經期的周期影響，如同月亮的陰晴圓缺會影響潮汐變化一樣，這也是上天賦予女生特別的禮物，只要了解身體的周期，好好的運用，它反而是減肥的利器。

有不少人提出「月經減肥法」，我自己也會運用這方法減肥。國外研究報告指出，有些女性運動員在這段時間的表現會超越平常。因為當女性在月經來的第一天，黃體素會慢慢下降，這十四天身體會比較接近男性。所以，如果我在這段時間狀況很好、沒有任何不適，就會去運動，而且會動得特別起勁。經期結束後一週，來到一個月減脂效果最佳的時候。當然，我獲得了想要的體脂率。

我很少經痛，但痛起來就必須躺在床上休息，所以在量少又不痛的時候，我還是會照常運動。

　　　　　　　　　　　　第二章 觀念篇

經期中水分會滯留體內，這時很容易浮腫，我都會用大量的跑步來加強代謝水分，這招還滿有用的。

讓我們來了解女性生理的四個週期：

一、月經前一週稱為「濾泡期前期」，容易有經前症候群（PMS），會出現一些不舒服的心理症狀，包括情緒不穩定（爆走、易怒、發愁），有些人在月經前和初期會出現腹痛或腰痠等現象，有些人則會有行為上的困擾，如對食物充滿渴望、嗜睡、注意力無法集中等。

有很多人相信，在濾泡期前期（經前一週）大吃甜食都不會胖，其實這些食物的熱量並沒有改變，也不會因為月經期就變得比較不會轉換成熱量。因月經的關係會有「食慾亢進」，若在此時期沒節制的狂吃，照樣會胖。

二、月經開始，又稱「濾泡期」，乳房有膨脹感或者一碰就痛，腹部水腫、腹脹或有下墜感，頭痛、四肢水腫，全身痠痛，覺得累。比較嚴重的是有「經前不悅症」，如果影響到工作、社交，以及日常生活，請諮詢婦產科醫生。由以上可知，月經來時在運動上的表現，都要視個人的身體狀況而定，並不建議劇烈運動。

在月經期間，建議女性補充蛋白質、礦物質及補血的食品，以溫補的食物為主，為保持營養平衡，最好同時食用新鮮蔬菜和水果。

三、月經結束後一星期稱為「濾泡期後期」，此時體內因為黃體素濃度很低，不會使太多的水分滯留在體內，所以女性朋友會發現體重降得特別快。這屬於正常的生理現象，但並不代表「減肥成功」，這時候因女性荷爾蒙是最低的時期，身體狀況最像男性，而且雌激素比較低，所以這時候的訓練會是表現最好的，身體的疲勞感修復能力會比較快，也是傳說中的月經週期的「黃金減肥時段」。

四、月經結束後的第二個星期是「黃體期」，尤其是快要到下一次月經來潮以前的幾天，身體會水腫得很明顯，有的人會開始出現「經前症候群」，此外，在這段期間體重又會偷偷增加個一～二公斤。

身為女性，不要太在意自己的體重增加或減少一、二公斤，反而要善用身體的週期，達到想要的體態。

在月經期間，建議女性補充蛋白質、
礦物質及補血的食品，以溫補的食物為主，
為保持營養平衡，最好同時食用新鮮蔬菜和水果。

第二章 觀念篇

三體迷思：體重、體態、體脂肪

　　有在減肥的人都知道，想要瘦幾公斤很容易，但要降體脂肪卻是非常難的事。相同的體重，體脂低就會看起來比較瘦，這就是為什麼我會將運動的重點放在「降體脂」。

　　一般而言，女性的體脂在二十％～二十二％，體態就非常漂亮。所謂的體態，就是從鏡子、相機、別人眼裡，看著你全身的樣子，並且覺得你是屬於「勻稱、有些許線條的人」。同時，衣服穿起來好看，自己也很滿意，這就是好的體態。

　　怎樣才能降體脂？正常吃喝，加上運動，想要降體脂，成功機率不高；不靠運動、只有節食降體脂（如不吃早餐或晚餐等）成功機率也不高。兩者結合，加上正常生活作息，成功機率八十％，另外二十％失敗是因為許多外在因素，比如偷吃、營養不夠、有氧運動不夠等。

　　在進行降體脂時，飲食控制占了七十％的關鍵，再配合心肺訓練和肌力訓練（重訓）。有氧可全身燃脂、無氧可增加肌肉量，增加基礎代謝。想要維持良好的心肺、肌耐力等體適能的運動計畫，必須符合下列條件才能顯現效果：

在我進行減脂的這些日子，刺青也跟著變小，變得更密集了！我想這是唯一減肥後的缺點吧，但仔細想想，總比它變粗壯來得好呀！

一、每週至少運動三～五次（運動頻率的要求）。

二、每次心跳率達最大心跳率的六十％～八十％，且每次持續二十～六十分鐘（持久度與強度的要求）。

三、選擇大肌群的運動項目，持久而有節奏的有氧運動（運動項目的選擇）。

做有氧運動的時候，有一個計算的公式，每個人都可以找到屬於自己的心跳率。我們要先了解人最大的心跳率，計算公式如下：

220－年齡＝最大心率（例如今年 30 歲，220 減 30 ＝ 190）

最大心率－休息心率 × 想要強度（40 ～ 80%）＋休息心率＝訓練心率（強度）

正確的運動區間

心跳數	運動目標
50 ～ 60％心跳率	保持健康
60 ～ 70％心跳率	體重控制
70 ～ 80％心跳率	有氧訓練
80 ～ 90％心跳率	競賽訓練

你對美好身材的渴望，要遠遠大於你對食物的渴望。如果你瘦不下來，那是因為你對美麗的渴望還不夠強烈。每天記錄自己的身體，總有一天你會看見自己美妙的變化！

　　你可以參考這些數據來做有氧，也非常適合作間歇性運動，可以多嘗試不同的心肺訓練運動類型，肌力和重訓的訓練是非常重要的，肥肉（脂肪）永遠不可能變肌肉，而肌肉不是隨便練練就會長大的。

　　所以有在運動的你們，不要太在意體重這件事，也不要因為體重沒變輕，就感到灰心。如果在體態上，穿衣服有改變，就應該感到開心，畢竟這是你經過一番努力才有的，當然啦！如果體重有稍微變輕，也可以跳起來尖叫一下。

如何挑選運動內衣？

許多妹子常問我的第一件事，就是要怎麼挑選運動內衣。

首先大家要知道，運動會帶來晃動、衝擊力，以及上上下下的跳躍，所以運動時千萬不可穿一般內衣或 bra 背心！

至於如何選擇尺寸？

一、**要合身**：下胸圍跟罩杯都必須合身，讓自己覺得舒服。（要試穿，要試穿，請一定要試穿，很重要要說三次！）過緊的運動內衣會讓胸部

脂肪亂跑，而且胸下也會常常被勒住很不舒服。長期穿著還會造成背部和肩膀不適，像我幾乎每天都在運動，一定要求舒適，讓胸部回到它原本的位置，這樣才舒服，並且不會造成背部不適。

　　二、對胸部的支撐度要好：如果是買中高強度，胸部的支撐度要很好，為了避免下垂，有防晃功能的尤佳，強烈建議在試衣間跳幾下或跑一下，感覺胸部能被包覆，不會明顯晃動。一般來說，肩帶及胸下圍束帶愈寬，支撐力會愈好，選購時可以列入參考。

1 2

1　減肥有什麼難的！不過就是飲食控制＋運動，再順便打倒脂肪那賤 B！

2　努力不一定會成功，但不努力你永遠不知道你會不會成功！將近 40 歲還有這樣的身材 !!，連我自己都訝異了！

　　　　　　　　　　　　　　　　　　　　　　　　　　第二章 觀念篇

三、排汗力要好：我現在很少單穿運動內衣運動，一定會再套一件上衣，運動內衣的排汗力不好，小心胸部容易起疹子或是粉刺，尤其是夏天非常悶熱，再加上運動時的大量流汗，都是在考驗運動內衣的排汗力，而且運動短褲也要選採用吸濕快乾布料、雙層防走光，內層彈性要好的，在做蹲、跳的運動時才不會感覺不舒服。

四、最好選有後扣的款式：這樣會比較好換穿脫，可避免在全身都是汗而且皮膚黏踢踢的時候，脫運動內衣時手跟脖子都快扭到。

我從來都沒有想過運動加上健康的飲食，讓我徹底改變了自己，也改變了人生觀，我會開始關心陌生人，注意周圍的事物！也變得更開朗有自信，不會再去想自己又醜又肥的那一天老公會不會外遇的問題。更何況，就算世界上只有一個你，就算沒有人懂得欣賞，也要好好愛自己。

gina's

Sports

第三章 運動篇
這樣做,穿回 S!

神啊！請救救我的體脂肪

　　女生最在意自己的地方是腿太肥、臀太大、手太粗、背太厚、肚子太油。要解決這些問題，最重要的還是要靠飲食、有氧訓練和重訓，不斷的讓身體提高代謝，增加熱量赤字（消耗的卡路里比吸收的多）才能成功達到目標。

　　很多女生很在意重訓，認為它會讓身體看起來壯壯的。這想法已經落伍了！在生活中需要用到很多肌肉！尤其是臀部和腿部，站立、走路、跑步和移動都要靠雙腿。當下半身的肌肉退化愈快，你的身體就會老得愈快。同時，雙腿在運動的過程中很疲勞，所以要加強按摩，讓它舒緩。當然，核心和上肢的訓練也是非常重要！鍛鍊胸肌再也不是男人的專利！女性同胞更應該多多鍛鍊胸肌！胸肌能幫助胸部微微拉提，讓胸型更美。而鍛鍊核心就是加強穩定身軀，讓肚子有線條。如果你一點都不想重訓，錯過靠肌肉帶來更美好緊實線條的機會，就只能當肉鬆鬆的脂

肪人了。

　　利用運動和飲食來達到想要的迷人身材之外，對預防各種疾病也都有幫助，例如可有效管理高血清膽固醇和三酸甘油脂，提高好的膽固醇，降低不好的膽固醇，有效預防包括癌症等生活習慣病。此外重量訓練還可以增加骨質密度，光是這一點，身為女性健康代表的我就深深地認為這是最大的益處。

　　另外，有效率的有氧運動，三個月之後可以讓心臟休息時的心率減少，這是因為心臟（心肌的訓練）變大，讓心室在舒張時填充更多的血液，就可以用比較慢的心率維持相同心輸出量，心臟的跳動次數減少但傳遞的氧氣卻是相同的！最棒的是身體確實跟著變年輕許多。

　　在一開始訓練時，我也是什麼都不會的菜鳥！一切都要採循序漸進的方式，以下就先由我剛開始的簡單訓練模式來跟大家分享。讓宅在家裡的女性姊妹們也可以邊看電視邊做，是非常好的循環訓練，除了提高心肺的耐力，也可增加肌力，是徒手訓練最基本的方式。

　　　　　　　　　　　　　　　　　　　　　　　　　　第三章　運動篇

第一組 熱身

請掃瞄 QR Code 參考影片

深蹲 30 秒

1

雙腿打開與肩膀外側同寬，小腿與地面呈垂直。

2

收縮核心，穩定脊椎。腳尖朝前，試著將注意力放臀部並且用力。

錯誤
示範

上半身過度往前傾　　脊椎未挺直

3

雙手放置胸前,髖部往後下降,
降至大腿與地板平行。

4

上升時吐氣,腳跟往地板施力,
臀部與軀幹同時抬起。

跪姿 push up 30 秒

1

四肢跪姿，手放在瑜伽墊上，手臂與地
板垂直，雙手略比肩寬。

穩定核心，慢慢下降軀幹，胸大肌用力，頭要與脊椎對齊，雙手手肘彎曲，腋下夾角不要超過 60 度。

慢慢回到 1 的動作，重複 30 秒。

棒式 30 秒

1

手掌平放在地板上，手肘與身體平行呈 90
度，與肩同寬，四肢跪姿。

2

單腳伸直。

不能像洩氣一樣，會很容易受傷。

3

雙腳伸直，手肘撐地，這是比較適
合初學者的棒式做法。較高難度可
參考影片。

**當作完這一組熱身，
我們就前往小激烈的循環系列。**

不要哀哀叫！想要瘦很簡單，只要維持你驚人的意志力就行了。如
果現在就放棄了，還有誰可以救你呢？

走路時大腿內側的摩擦，穿短褲時大腿內側被擠出來的肉，

充滿橘皮的大腿內側，讓你害羞到只願意穿長褲和長裙⋯⋯

但這並不是長久之計！從現在開始不要再羨慕別人了！

做自己的女神，就是要做到連同性都喜歡你散發的自然性感魅力。

只要線條夠好，衣服不管包多緊，人家也是看得出來。

你的身體是 Fit，為自己努力證明自己。

深蹲跳 30 秒

1

雙腿打開比肩膀略寬，腳尖
與膝關節呈一直線。

收下巴使軀幹呈一直線，雙手放置胸前。下降時屈膝，將重心置於腳跟，髖部後推，臀部用力。

跳躍上升，但也不要跳太高，微微的讓足部離開地面就可以了。

第三章 運動篇

觸 肩 伏 地 挺 身

1

四肢跪姿，手放在瑜伽墊上，手臂
與地板垂直，雙手略比肩寬。

2

穩定核心，慢慢下降軀幹，胸大肌
用力，頭要與脊椎對齊，雙手手肘
彎曲，腋下夾角不要超過 60 度。

因為健身，我正喜歡上自己

3

穩定核心，胸口往手掌根水平位置，肘關節不要彎曲。

4

將一隻手從地面上抬起，然後觸摸相對的肩膀。

5

重複 1 － 4 的動作。

137

請掃瞄 QR Code 參考影片

棒式捲腹

1

手掌平放在地板上，手肘與身體平行呈 90
度，與肩同寬，四肢跪姿。

2

單腳伸直。

因為健身，我正喜歡上自己

✕
錯誤
示範

腰椎拱起

3

雙腳伸直，手肘撐地。

下背部往天花板拱起，腹部緊縮並用力，會感覺到身體
呈倒三角形，身體不能往前移動，也不可往後移動，而
要讓腹部往上。這是比較適合初學者的棒式捲腹做法，
較高難度可參考影片。

4

要做好棒式，

需要有良好的肌力和了解身體的感受度，對於不常運動的朋友們確實有一定的難度。一開始可用跪姿或在大腿下方墊滾筒或較高的枕頭，會比較舒服。

現在將邁入循環訓練的最後一組，在所有運動的過程當中，都要注意一件事情就是避免「努責現象」。意思是指在進行較費力的活動時會不自主閉氣，這會降低腦部氧氣供應量，造成輕微頭暈或昏厥，尤其對心臟病患會造成心律不整或併發症！所以要記得呼吸，如果一開始不知道怎麼呼吸，只要記得用力的時候吐氣就行了。

這是循環訓練的最後一組，
當這組做完時可以休息一分鐘，

來吧！我們開始瞬間飆高心跳率！

深蹲開合跳 30 秒

加強腿內側，拒絕內側互打招呼的囧樣。

1

雙腿打開略比肩膀寬，小腿與
地面呈垂直。收縮核心，穩定
脊椎。腳尖朝前，試著將注意
力放在臀部並且用力。

2

雙手放置胸前，髖部往後下降，
降至大腿與地板平行。

因為健身，我正喜歡上自己

3

上升時吐氣，臀部與軀幹
同時抬起，腳跟往地板施
力，雙腳快速併攏。

4

反覆回到 1 的位置。

在很多的運動當中，很多人會偏向低強度的運動，

但這對長久的運動計畫並不好，

身體除了容易出現撞牆期之外，有時也會因為無趣而放棄了，

運動應該是融入生活中，多樣化多變化多功能性質，
這樣才是維持身體健康的長久之計

胸肌不能只練一個位置！要有多變化，現在就來試試！

下斜 p u s h　u p 換單腿

1

手掌平放在地板上，手肘與身體平行呈 90
度，與肩同寬，四肢跪姿。

2

單腳伸直

3

身體下壓。

4

換邊重複 2 － 3 的動作。

第三章 運動篇

棒式側捲腹

1

手掌朝下，擺在身前，手肘靠著身體在肩膀正下方，核心用力穩定軀幹，伸直雙腿，腳尖踩住、頂住地板。將軀幹慢慢往上遠離地表，身體繼續保持僵硬，腿部、腹部、核心要出力。避免聳肩、背部下降或弓起，肩膀要維持在手肘的正上方。

2

左右扭轉，兩邊臏關節交互碰地。

在達到目標之前，一定會碰到停滯期而難過沮喪。
因為這只是一小段的時間，

要突破停滯期，就得改變運動方式和飲食。

這些訓練方式只是我運動裡面最基本的一環。

三組 9 個動作，可以在看電視和耍廢以及不能外出的日子，在家裡
不斷的循環操練。

做作完三組休息一分鐘～循環 30 – 60 分鐘，非常簡單且容易上手。

當你愈做愈好時，就可以往更高階的方向飛翔，讓自己的體態愈來
愈棒。

在健身兩年多的日子，我最愛的還是中高強度的耐力訓練，
也是在練習自己的意志力和耐力的考驗。

不停的鍛鍊，就是為了突破自己。
大家一定要為自己努力加油！
減肥瘦身沒有速效，一切都是付出多少，得到多少！

不想運動傷害，就請好好拉筋！

伸展最主要的目的，是改變肌肉放鬆時的長度。最好是每天都空出一些時間伸展，提升柔軟度。讓某些動作更標準以及活動範圍增加，提高訓練效果和力量，讓肌肉線條更加好看。

對銀髮族而言，伸展更可保持身體的柔軟度。提高柔軟度的好處在於可以減少傷害發生，降低肌肉緊繃不適感。改善姿勢，重建關節的肌肉平衡，增加運動的表現。還可以改善關節活動度，減輕關節所承受的壓力，減緩肌肉痠痛降低運動傷害的風險。

以下介紹幾種伸展的方式：

滾筒放鬆

使用滾筒、狼牙棒或花生球，放鬆深淺層筋膜，可以減少筋膜受到壓迫產生沾黏發炎與疼痛（可在運動前後使用）。

本體感覺神經肌肉促進

由教練或朋友協助提高柔軟度的效果，也可以自己訓練。

主要針對肌肉主動及被動的伸展（向心收縮及等長收縮）。這種方法最能放鬆肌肉，並做較大幅度的伸展，但最好有專業人員協助，以避免受傷（可在運動後使用）。

獨立肌群伸展法（AIS）

用自己的身體規律並且用點力量去伸展某個肌群（藉由主動收縮結抗肌進而伸展作用肌）並重複動作，該伸展方式只需要 1.5～2 秒，能增進動態柔軟度與降低被動肌肉張力，這個伸展技巧主要是讓伸展的人用自己的肌肉幫助伸展身體部位，這種方法又稱為「交互抑制」。

動態伸展

可在運動前當作暖身，能增加關節的活動度，也刺激肌肉的收縮與拉伸，上教練課時，教練會要我先做動態暖身操，以避免運動傷害，也讓身體知道要開始運動囉！

靜態伸展

運動後的靜態伸展可讓訓練中縮短的肌肉復元，改善身體的柔軟度和減少運動傷害。

以下是我常做的伸展，沒有運動習慣的朋友也可以做。

我們在日常生活中其實都會用到肌肉，常常把身體伸展拉筋，能增進身心結合，減低壓力，對長者而言，保持適當的柔軟度十分重要。

每週至少伸展 3～5 天最為理想，做到伸展時感覺緊繃但不會疼痛。每個伸展的動作停留 15～60 秒，或深呼吸 6 次。吐氣時可以加強延展，建議每個肌群伸展 3～4 次。

靜態的伸展較適合在洗澡後和運動後（而非運動前）進行，伸展須循序漸進以免受傷。

胸大肌與前三角肌伸展 1

可以採站姿或坐姿。將手放置耳旁,慢慢把手肘往後展開。用心感受胸大肌與前三角肌的拉伸,並且保持呼吸。維持 15 ～ 60 秒 或深呼吸 6 次。

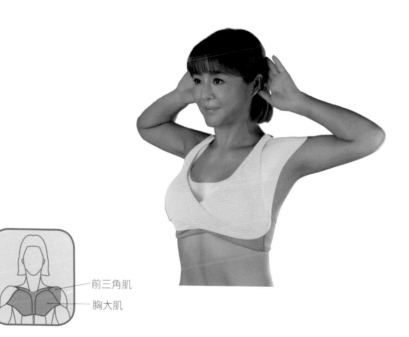

前三角肌
胸大肌

胸大肌與前三角肌伸展 2

也可以利用門和牆方便抓握的手把來進行，並且可隨時隨地做。

1. 站姿單手扶於牆壁或門旁邊。

2. 手臂向後側伸展，軀幹向另一側旋轉拉伸。

3. 你會感覺到胸大肌與前三角肌的拉伸，維持呼吸，切勿憋氣。

4. 停留 15 ～ 60 秒或深呼吸 6 次。

※ 在做胸部伸展時，若肩關節出現不適或者疼痛，必須將手臂往下移，請勿抬到疼痛的位置。

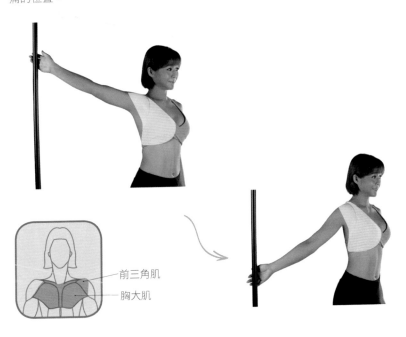

前三角肌

胸大肌

頸部側屈

這是一個隨時都要滑手機的年代 !! 脖子和肩頸一定要伸展，以避免烏龜頸和粗脖子上身。

1. 可採用坐姿或站姿。

2. 緩慢的將頭部傾向一側。

3. 感覺有伸展到頸部的側邊肌肉，維持呼吸，切勿憋氣。

4. 停留 15 ～ 60 秒或深呼吸 6 次。

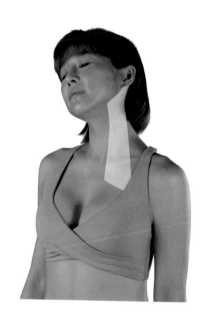

頸部

手壓頸部側屈

1. 採站立或坐姿。

2. 面向正前方。

3. 頭部緩緩向側邊（傾）。

4. 以手掌扣住頭部，並微向施壓頭部的方向施壓，維持呼吸，切勿憋氣。

5. 停留 15 ～ 60 秒或深呼吸 6 次。

※ 如肩頸過於僵硬，請以輕靠的方式，以免造成頸椎及頸部肌肉群受傷。

頸部

三角肌伸展

1. 可採站姿或坐姿。

2. 將手臂往前方伸直再往對側拉去，請勿聳肩。肩胛下壓，以另一隻手作為支撐。

3. 請感覺是否有伸展到中三角肌與後三角肌，維持呼吸，切勿憋氣。

4. 停留 15 ～ 60 秒或深呼吸 6 次。

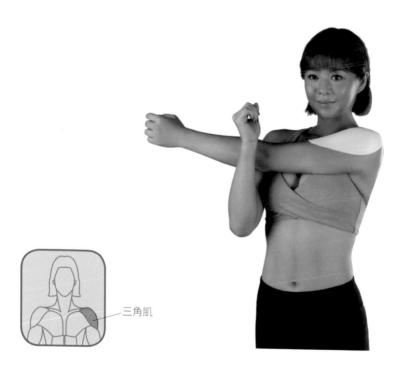

三角肌

單側橫向彎曲

1. 左膝跪地，左手掌扶地。右腿向一側伸直，同時右手臂伸直，向頭部拉伸。
2. 當向側邊伸展時，會感覺到擴背肌和腹斜肌充分伸展。
3. 維持呼吸，切勿憋氣。
4. 停留 15 ～ 60 秒或深呼吸 8 次，再進行另一側伸展。

腹斜肌肉

腹直肌伸展

1. 將一個枕頭或捲起瑜伽墊放在另一塊瑜伽墊上，仰臥，把枕頭或捲的墊子置於背部下方。
2. 手高舉過頭，雙臂伸直，雙腿也必須伸直，盡量伸展手指和腳指。
3. 感覺是否有伸展到腹直肌。
4. 維持呼吸，切勿憋氣。
5. 停留 15 ～ 60 秒或深呼吸 6 次，再進行另一側伸展。

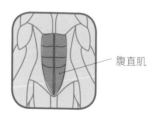
腹直肌

下背伸展

1 仰臥準備。

2. 雙膝彎曲往胸口方向，雙手抱膝，骨盆後傾，使下背貼著墊子。

3. 感覺是否有伸展豎脊肌群（臀部也會跟著伸展）。

4. 維持呼吸，切勿憋氣。

5. 停留 15 ～ 60 秒或深呼吸 6 次，再進行另一側伸展。

※ 如身體較不適者，可將腳放在椅子上，但維持時需拉長。

下背肌肉

股四頭肌伸展

如平衡較差，可以扶著牆壁。

1. 身體直立，眼看前方。

2. 膝關節彎曲，手抓住同側腳背，將腳緩緩的往同側臀部靠近拉近，呈一直線。

3. 核心保持穩定，縮腹，支撐腳微彎，保持脊椎與骨盆位置中立。

4. 自行感覺股四頭肌是否有伸展到。

5. 維持呼吸，切勿憋氣。

6. 停留 15 ～ 60 秒或深呼吸 6 次，再進行另一側伸展。

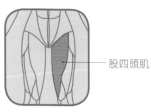

股四頭肌

腿後伸展

1. 仰臥，脊椎與頸部保持中立。

2. 單膝屈起，腳掌平放在地板，將要伸展的腳上抬往天花板的方向。

3. 盡可能保持膝關節伸直，但不能過度伸展，雙手可環抱於大腿後方或小腿處。若柔軟度不足，可用彈力繩或毛巾，放在腳板上協助伸展。

4. 感覺是否有伸展到腿後肌群。

5. 維持呼吸，切勿憋氣。

6. 停留 15 ～ 60 秒或深呼吸 8 次，再進行另一側伸展。

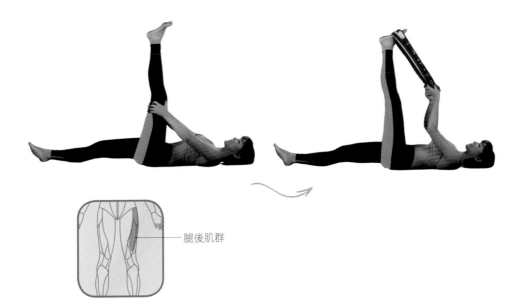

腿後肌群

側弓箭步伸展

1. 站姿。雙腳打開，屈曲一側膝關節，膝關節和腳尖朝前。

2. 以髖關節為軸心，將臀部往外和往後下壓，脊椎要保持中立。

3. 腹部收縮（軀幹前傾），手可放在膝關節上保持穩定。

4. 用心感受是否有收縮髖關節內收肌群。

5. 維持呼吸，切勿憋氣。

6. 停留 15 ～ 60 秒或深呼吸 8 次，再進行另一側伸展。

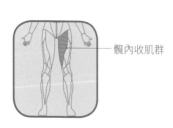

髖內收肌群

因為健身，我正喜歡上自己

坐姿小腿伸展

1. 坐姿。單腳向前伸直，另一腳膝關節屈曲，以腳底面對對側大腿。
2. 將彈力帶套上伸直腳的腳掌，雙手拉住彈力帶，將腳指頭往膝關節方向拉近。
3. 會感覺到小腿肌群的伸展。
4. 維持呼吸，切勿憋氣。
5. 停留 15 ～ 60 秒或深呼吸 8 次，再進行另一側伸展。

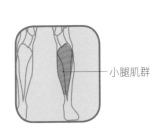

小腿肌群

我因為運動和良好的飲食習慣而逆轉勝，沒有什麼特別的訣竅，
完全是靠一股衝勁和毅力。雖然過程有時很累，但成果是美好的。

我喜歡我的這項堅持，更從堅持看到轉變。
也許你看完這本書，
你人生中的喜悅將會比我的更美好。
獻給所有正在沉睡中的女神們。

無數粉絲
死忠追隨

「你是我的健身女神！」

—— 朱小南

「每次我想放棄時，就看你的運動照，會深深激勵我不要放棄！」

—— 林家琪

「你一直以來都是我的激勵點！我在想放棄運動或任何事時遇見了 Gina，激勵自己、獲得堅持到底的動力！從 Gina 身上，我深深體會到人生沒有不可能的事，只有不願去做的事！我要做自己，愛自己，也愛 Gina ！」

—— Vicky Lo

「謝謝 Gina 為我的生活帶來滿滿的正面能量！」

—— 楊佳瑜

「因為看到你以前為了事業忙到身體出狀況而後開始運動健身，這點激勵我讓自己開始下定決心的運動，每天默默看著你的動態一起運動，一起飲食控制，很開心運動的路上有你的陪伴！」

——劉小艾

「謝謝 Gina 讓我知道，女神也是人，只是異於常人。Gina 比誰都還堅持，比誰都還認真，沒有裝模作樣，只有認真踏實。傷心難過時可以流淚，但絕不停下自己的腳步。我喜歡這樣的女神！」

——王幃綾

「Gina 靠運動飲食來控制身體狀況，努力走出低潮後展露的光芒，全靠自己的能力及努力，真的得來不易。因為你，我也正走在喜歡上自己的路上。」

—— Ying-shuan Wang

「跟著你一路成長，努力上健身房或戶外運動，一切都是為了遇見更美好的自己，謝謝你讓我有持續的目標及動力，未來我們一起繼續加油，我也正在喜歡上自己！」

—— Vanessa Wu

三道熱量調控餐
料理示範

番茄堅果庫斯庫斯搭香煎香草嫩雞胸

我天生不熱愛白米，但穀類食物永遠是我心中的最愛
再加上香煎雞胸和堅果類，
抗氧化的餐點，不僅滿足味蕾，讓減肥也能享用美食。

香煎海鮮沙拉佐仲夏優格醬

在我的世界裡，蝦子和花枝就算吃到撐，
熱量也不會爆表!!
熱量低，營養又豐富，對運動後想補充蛋
白質又不想吃進太多油脂的我非常合適！

義大利牛肝菌菇醬米型麵佐溫泉蛋

減肥不是吃蔬果就能過活......
如果你熱愛蔬食，那麼可以嘗試做這一
道，兼顧所有營養的蔬食料理。
以蛋黃取代鮮奶油，香濃而不膩口。

請掃瞄 QR Code 參考影片

番茄堅果庫斯庫斯搭香煎香草嫩雞胸

材料

A 去皮雞胸肉 100g、迷迭香 1g、白胡椒原粒 1g、檸檬汁 5CC、水 500CC、細鹽 1g、橄欖油 20CC

B 牛番茄 30g、去皮洋蔥 10g、檸檬汁 5CC、紅糖 3g、墨西哥青辣椒 1 ～ 2g、黑橄欖 1g、九層塔 2g、黑胡椒粉少許、冷壓初榨橄欖油 5CC

C 北非小米 50g、高湯 80 CC、紅藜麥 1g、杏仁 1g、核桃 1g、蔓越莓果乾 2g、芝麻葉 3g

營養成分

熱量 535.8 卡　蛋白質 39.4g　脂肪 22.6g　碳水化合物 43.7g　糖 5.1g　鈉 454.8mg

作法

1. 雞胸肉洗乾淨後，去除多餘的油脂。水滾後加入鹽、白胡椒粒、檸檬汁，放入雞肉後熄火浸泡 15 ～ 50 分鐘，取出雞肉，水留著備用。

2. 將牛番茄、洋蔥切 0.5cm 小丁，墨西哥青辣椒、黑橄欖、九層塔切碎，放入碗中，再將材料 B 剩下的材料一起放入碗中，攪拌均勻，即為番茄莎莎醬，備用。

3. 將作法 1 中浸泡雞胸的水過濾後，取 80CC（即為高湯）煮滾，放入紅藜麥，約煮 1 ～ 2 分鐘，再將北非小米倒入鍋中，快速攪拌，蓋上蓋子燜 3 ～ 5 分鐘，再用湯匙撥散備用。另取一鍋子，熱鍋後加入橄欖油，放入新鮮迷迭香略煎後，將浸泡好的雞胸放入煎至兩面金黃即可。

4. 將作法 2 的番茄莎莎醬取三分之二 與作法 3 拌在一起，盛盤，擺上芝麻葉裝飾。擺上作法 1 的雞胸切片，再灑上杏仁碎、核桃碎、果乾，再把剩下三分之一的番茄莎莎醬淋在雞肉上。

請掃瞄 QR Code 參考影片

香煎海鮮沙拉佐仲夏優格醬

材料

A 明蝦 一尾（去殼去頭後約 80g~100g）、透抽 60 g、橄欖油 20CC、鹽 1g、黑胡椒 1g

B 綠捲生菜 30 g、紅捲生菜 20g、芝麻葉 5g、櫻桃蘿蔔 5g、紅酸膜葉 1g

C 原味優格 30g、熱帶水果果泥 30g、百香果果泥 15g、新鮮百香果果粒 5g

營養成分

熱量 353.2 卡　蛋白質 25.0g　脂肪 21.8g　碳水化合物 14.2g　糖 7.2g　鈉 708.4mg

作法

1. 明蝦去殼剝除留下頭尾❶，用剪刀將背部剪開，剔除腸泥，透抽將內臟剔除乾淨，將海鮮清洗乾淨後，用廚房紙巾將海鮮多餘的水分擦乾。另取一鍋子，熱鍋後，放入橄欖油，油熱後將海鮮放入煎至兩面金黃焦脆，再撒上鹽及黑胡椒。

2. 生菜洗淨後，撕成一口大小備用，櫻桃蘿蔔洗淨後切片備用。

3. 將原味優格、果泥放入碗中攪拌均勻，再將百香果果肉放入拌勻即為仲夏優格醬。

4. 將處理好的生菜及海鮮放置盤中，淋上醬汁，再擺上紅酸膜葉及櫻桃蘿蔔裝飾即可。

※ ❶留住蝦頭，在煎的時候會讓海鮮散發多種香氣，增加風味。

請掃瞄 QR Code 參考影片

義大利牛肝菌菇醬米型麵佐溫泉蛋

材料

A 義大利米型麵 50g、水 500CC

B 雞蛋 1 顆（約 65g~70g）、鹽適量、白醋適量

C 牛肝菌菇 15g、水 300CC、橄欖油 20CC、蒜 10g、香菇 15g、袖珍菇 10g、洋蔥 20g、細鹽 1g、紅酒 20CC、義大利綜合香料 1g、月桂葉 1 片、新鮮帕瑪森起司粉 10g、黑胡椒少許、芝麻葉 3g

營養成分

熱量 474.7 大卡　蛋白質 23.4g　脂肪 20.6g　飽和脂肪 0.3g　碳水化合物 20.66g

糖 16.52g　鈉 643.16mg

作法

1. 水煮滾，放入米型麵，煮 5 ～ 7 分鐘❶，撈起、沖冷水後備用。

2. 牛肝菌用清水略洗後，用 300CC 的水浸泡，蒜切碎，香菇切片，袖珍菇對切，洋蔥切條，牛肝菌菇擠乾水份（泡菇的水要留著）略切。

3. 取一鍋子，將水煮至 65 ～ 68℃，加入少許的鹽及白醋，將雞蛋放入，維持水溫 65 ～ 68℃，浸泡 27 分鐘❷，即為溫泉蛋。

4. 取一鍋子，熱鍋後放入橄欖油，爆香蒜碎，炒至金黃色後，加入香菇及袖珍菇，炒至金黃略焦❸後，加入牛肝菌拌炒至香氣出來，加入洋蔥拌炒至洋蔥變半透明，加入鹽，

再次拌炒加入紅酒，讓酒精揮發後，再將泡菇的水及月桂葉加入，轉中火燉煮 10 ～ 15 分鐘。

5. 將作法 1 的米型麵加入作法 4 中，拌炒至湯汁變濃稠，關火，加入帕瑪森起士粉、義大利香料及黑胡椒拌勻，放入盤中，再將溫泉蛋放在麵上面，擺上芝麻葉裝飾即可。

※ ❶煮麵時，盡量讓麵有滾動的空間，可避免麵黏在一起，也可以加少許的鹽，增加味道。

※ ❷溫泉蛋的浸泡時間可以依照個人喜愛熟度，增加浸泡時間，盡量不要超過 35 分鐘，會變成水煮蛋。

※ ❸炒菇的時候，溫度盡量高一點，這樣可以提升香氣。

如何出版社
Solutions Publishing

www.booklife.com.tw

reader@mail.eurasian.com.tw

Happy Body 167

因為健身，我正喜歡上自己：曲線女神Gina的體脂15%塑身祕訣

作　　者／Gina
文字整理／彭芃萱
發 行 人／簡志忠
出 版 者／如何出版社有限公司
地　　址／台北市南京東路四段50號6樓之1
電　　話／（02）2579-6600・2579-8800・2570-3939
傳　　真／（02）2579-0338・2577-3220・2570-3636
總 編 輯／陳秋月
主　　編／柳怡如
專案企劃／沈蕙婷
責任編輯／柳怡如
校　　對／Gina、柳怡如、張雅慧
美術編輯／李家宜
行銷企畫／陳姵蒨・曾宜婷
印務統籌／劉鳳剛・高榮祥
監　　印／高榮祥
排　　版／陳采淇
經 銷 商／叩應股份有限公司
郵撥帳號／18707239
法律顧問／圓神出版事業機構法律顧問　蕭雄淋律師
印　　刷／龍岡數位文化股份有限公司
2017年8月　初版

定價 380 元　　　　ISBN 978-986-136-495-7

版權所有・翻印必究

Printed in Taiwan

◎本書如有缺頁、破損、裝訂錯誤，請寄回本公司調換

運動過後流下的一滴滴汗水，是脂肪的眼淚，看到就會覺得很開心，因為又完成了一件事，會帶給我們很大的自信。很多人做不到，但是你做到了，你為自己做了一件正確而且健康的事，是很值得鼓勵的。

——《因為健身，我正喜歡上自己》

◆ **很喜歡這本書，很想要分享**

圓神書活網線上提供團購優惠，
或洽讀者服務部 02-2579-6600。

◆ **美好生活的提案家，期待為您服務**

圓神書活網 www.Booklife.com.tw
非會員歡迎體驗優惠，會員獨享累計福利！

國家圖書館出版品預行編目資料

因為健身，我正喜歡上自己：曲線女神Gina的體脂15%塑身祕訣／Gina著.
-- 初版. -- 臺北市：如何，2017.08
176 面；17×23 公分. --（Happy body；167）
ISBN 978-986-136-495-7（平裝）
1.塑身 2.運動健康

425.2   106010694